我们 一起 解决 问题

朋友圈心理学

汤米 著

人民邮电出版社

北京

图书在版编目（CIP）数据

朋友圈心理学 / 汤米著. -- 北京 ：人民邮电出版社，2024.8
ISBN 978-7-115-63609-6

Ⅰ．①朋… Ⅱ．①汤… Ⅲ．①心理学－通俗读物 Ⅳ．①B84-49

中国国家版本馆CIP数据核字(2024)第019277号

内 容 提 要

作为社会性动物，我们的生存和发展依赖社会互动和合作，这意味着我们天生就需要与他人交往，而朋友是人际关系中很重要的交往对象。作为一个网络词语，"朋友圈"不仅指社交平台上的一种功能，也指我们在现实生活中的社交圈和人际关系网。

本书不仅讲述和剖析了作为一种社交功能的朋友圈中的一些现象，如朋友圈经营、为什么有些人不发朋友圈、如何通过朋友圈看懂一个人等，还分析了现实生活中的人际交往现象，如大部分朋友都是阶段性的、曾经的朋友为什么会变成陌生人、你是谁就会吸引谁、朋友大多是我们的理想化自我等。从网络到现实，既涉及专业的心理学知识，又有通俗易懂的讲解和分析，可以帮助读者更好地了解有关朋友圈、社交圈的种种现象，以解开心中的疑惑和拨开人际关系方面的迷雾，进而走出社交困境。

本书适合在人际关系方面有困惑、存在社交困境及对人际交往、朋友关系、朋友圈等相关话题感兴趣的人阅读。

◆ 著 汤 米
　　责任编辑　黄海娜
　　责任印制　彭志环
◆人民邮电出版社出版发行　　　　北京市丰台区成寿寺路 11 号
　　邮编 100164　电子邮件 315@ptpress.com.cn
　　网址 https://www.ptpress.com.cn
　　三河市君旺印务有限公司印刷
◆开本：880×1230　1/32
　　印张：6.5　　　　　　　　　　2024 年 8 月第 1 版
　　字数：110 千字　　　　　　　2025 年 8 月河北第 3 次印刷

定　价：49.80 元
读者服务热线：（010）81055656　印装质量热线：（010）81055316
反盗版热线：（010）81055315

当身处复杂的社交场景中时，我们会面临各种困境。经常有读者问我，"为什么我感觉朋友开始疏远我了？""我在他心中的位置到底是怎样的？"如果你也有类似的疑问，可能你并没有正确认识朋友关系。

互利是维持朋友关系的底层逻辑。社会学家霍曼斯在社会交换理论中指出：任何人际关系，其本质就是交换关系。很多人之所以与朋友逐渐失去联系，原因就在于彼此之间能够交换的东西已经不对等了。其中交换的不仅仅是物质、金钱等肉眼可见的利益，还包括情绪价值、社会立场等。无论是经济上还是情感上，我们更倾向于付出与收获成正比。

每个人都应该清楚别人与我们建立关系的关键是我们所拥有的"个人价值"。如果你在某方面的价值非常高以至于可替代性非常小，这样别人与你建立关系的强度、稳定性及积极性就会非常高。因此，努力提高自身的价值，以一颗坦然的心与他人交往才是最关键的。

不管在各种社交平台，还是现实生活中，这本书将

帮你读懂他人的社交行为，你将收获全新的社交模式，重新定义朋友关系，并以此构筑健康、安全、有边界的人际关系。

目录

1

第二篇

远离低层次的朋友圈

第三篇

朋友圈越小，生活越好

第四篇

真正的朋友是自己

第一篇

有些朋友，走着走着就散了

你的微信头像
决定了你给人的"第一印象"

　　我们知道，人感知这个世界最直观的方式是视觉。我们能够看到一个物体，本质上是光刺激视网膜引起视感觉，然后经过大脑皮层的一系列反应最终形成各种图像。商标、雕塑、漫画……每个图像的背后都是一连串的视觉信息符号。与枯燥乏味的文字相比，我们更愿意看这些视觉信息。

　　在社交网络繁盛的今天，每个人在各个社交平台都有属于自己的社交头像，而头像本身也属于一种视觉符号，这种视觉符号的背后，是使用者运用自己的主观意识，将人们拉进或推出其所刻意经营的世界。**我们的社交头像和名字是我们对自己的一个"框架设定"**。在与他人相识的最初阶段，我们只能通过这个特定的框架来了解对方。我们可能会根据对方的头像大致推测他是一个怎样的人，然后决定以什么样的口吻和态度与其展开交流。当然，通过观察头像这一初级的"框架设定"，我们并不能获得对方的全部信息，一些关键信息可能被隐藏起来了。

第一印象

当我们身处一个新的环境中时，往往会以自己既有的经验为基础，将这个环境中的人、事、物进行归类，由此形成的对有关人、事、物的最初感觉就是"第一印象"。第一印象影响着我们生活的方方面面，它会在我们的头脑中存在很长时间，并影响我们后续对与之相关事物的评价。第一印象形成的同时，先入为主的观念也就建立起来了。如果我们对对方的第一印象很差，那么后续与对方沟通、交流的可能性就会很低。因此，在大部分情况下，第

一印象对人际交往产生的影响大于后续交往所产生的影响。在网络上进行社交时，由于头像反复出现，这个过程其实强化了双方对彼此头像的印象，也就在一定程度上影响了第一印象。

美国心理学家洛钦斯首先提出了首因效应（即第一印象效应）。他着重强调了人际交往过程中第一印象对后续交往产生的持续影响。例如，在约会过程中，男方绅士、体贴的行为可能给女方留下"暖男"的印象，这一印象会深深地留在女方的大脑中。

在社交中，人们越来越会"装模作样"了。这里并没有任何贬低之意，实际上会装模作样或以对方喜欢的方式修饰自己，是进化的特征和表现。例如，动物通过伪装与大自然融为一体，进而得以存活、繁衍。人则通过无伤大雅又合乎场景的自我修饰，非常巧妙地促进事情的发展，并谋求树立一个对方喜欢的形象。所以从某种程度上讲，在第一印象这个问题上，首因效应仍然起着决定性作用，第一印象仍然决定着我们对人、事、物的初步认知。

在日常生活中，我们经常根据对对方的第一印象来指导自己的行为，但是这存在一定的风险，很多人正是抓住了人们的这一心理，把自己或打扮得年轻时尚，或伪装成一副热情、善良的模样，实际上却暗藏祸心。

大脑倾向于将问题简单化

从行为科学角度看，第一印象的产生取决于人类大脑的薄片撷取能力。从表面上看，薄片撷取是一种不假思索的思考方式，是人类天生拥有的一种能力。其中，薄片是一种观察范式，撷取则是对少量信息的快速提取和堆叠。

畅销书作家马尔科姆·格拉德韦尔在《决断 2 秒间》一书中提到，我们会将很多经历都通过薄片撷取存储在脑海中，如遇见了一个新朋友、快速做完了一件事、经历了一场小说般的冒险。要想解释这种天生的能力，我们需要了解人类大脑的思考机制。

心理学家丹尼尔·卡尼曼在《思考，快与慢》一书中对此有过深度剖析。在他看来，人类大脑的思考机制可以被简单地理解为双系统，其中系统一是简单思考模式，系统二是复杂思考模式，两个系统在不同环境下各司其职。例如，当你思考今晚吃什么时，大脑则启动了简单思考模式；而当你做题时，大脑采取的是复杂思考模式。前者更为感性，会根据惯性思维做出判断，这在碎片化社交中很常见。

在各种社交场合中，我们的大脑倾向于将问题简单化，希望借助少量信息对某件事快速做出判断。例如，我们会凭借与一个人刚接触的经历，推测他的一些个人信息，如性格、人品等。在这个过程中，我们的既有经验占据主导，然后我们的大脑会将这些第一印象存储在记忆薄片里，形成对这个人长期而稳固的记忆，其后续的行为对记忆薄片中形象的影响可能微乎其微。所以在面试、约会等社交场合，第一印象就显得尤为重要。

第一印象的重要性在网络社交时代更是如此，从添加对方微信的那一刻起，头像作为典型视觉符号已经开始发挥作用，我们会将很多形容词与对方的头像联系在一起，进而对对方形成与其可能毫无关系的第一印象，如对方是一个怎样的人、平时都有哪些生活习惯、生活是否幸福等。

由此可见，当一个人的信息呈现在我们眼前时，学会先怀疑一下自己的感觉和直觉很有必要。并且当我们了解了第一印象效应时，它可能就开始失去其效用。我们将不再拘泥于他人给我们留下的第一印象，不再纠结那些表面现象，而是会更仔细、更深层次地关注这个人的一言一行，这个人后续的选择、行为是否与你们初次见面时相符。当我们这样想并做出判断时，所见所感就更接近事实和真相。

不同类型微信头像背后的心理隐喻

下面我们一起看看不同类型微信头像背后的心理隐

喻。需要说明的是，这些内容并非严谨的研究结果，而是对大量样本的归纳和总结。我们将微信头像类型大致分为真人照片和非真人照片两类。

1. 真人照片

• 自拍照、背影照

不要以为用自拍照作为微信头像的人就一定很自信，他们很可能是在展示自己的其他方面，如身材、穿搭。很多女性选择使用自己的背影照作为微信头像，原因可能是她们对自己的外貌不自信，也可能是追求一种神秘感。

当然，在用自拍照作为微信头像的人中不排除自恋者，他们经常在朋友圈发布自拍照，十分渴望表现和展示自己以获得更多关注。

• 合照或恋人的照片

这类人一般对自己目前的婚姻状态或感情状态较为满

意。这里的感情也包括朋友之间的友谊。在这类人看来，他们与伴侣或同伴之间的关系牢不可破，自己的感情状态令人满意且值得分享，于是选择合照或恋人的照片作为微信头像，意在向外界明确传达这一信息。

• 商务照或证件照

用商务照或证件照作为微信头像的人在工作中往往比较严谨、努力且值得信任，在生活中则比较细致。在与这类人交流时，话题可能经常围绕着工作进行。

还有一些人会使用艺术照作为微信头像，这类人的社交能力往往较强，对自我的认可程度也很高，不会轻易贬低自己或抬高他人。

• 非本人照片

这类人对自己的形象不自信，或者觉得自己的形象不完美，于是他们需要从完美的头像中获得满足感。我们可以这样理解，每个人都有自己的短板，从外观到造型再到

其他方面，有些人的形象管理做得很好，有些人却做得不好，然而每个人都有追求美好事物的心理，于是很多人将自己的这种美好期待寄托在社交头像上，而被选作头像的人的长处也许正是使用头像者的短处。例如，一名头发稀疏、外出习惯戴帽子的女生，其微信头像可能是一个头发浓密的女生。

2. 非真人照片

• 笑脸或表情包

有趣的是，很多喜欢用笑脸作为微信头像的人并不喜欢笑，他们选笑脸作头像是为了给他人以积极、温暖的感觉，让他人愿意和自己交往。而喜欢用表情包作头像的人则比较有趣，他们时刻都在寻找生活中的小乐趣，头像也会随着心情不停地更换。

• 搞怪、小动物或卡通形象图片

搞怪、小动物和卡通形象图片是最常见的社交头像类型。值得注意的是，用这类图片作为头像的人有可能表现为两个极端，要么充满孩子气，要么内心成熟，但他们有一个共同的特征，就是都比较浪漫且对生活充满了希望。

- **风景或植物图片**

当看到风景或植物图片时，给人的第一感觉是舒适、包容、没有压力。仔细观察身边使用这类图片作微信头像的人你会发现，他们普遍性格随和、乐观、没有功利心。

还有一些人会随便选取一些背景图片作头像，往往是家里的某个角落，如厨房、卧室等，这类人往往缺乏社会责任感。

- **物件照片**

这里说的物件可能是钥匙、手表、图书、水杯等。用物件照片作微信头像的人的领域意识往往很强，十分在意个人的空间和时间，做事情追求完美或完整，属于比较循规蹈矩的一类人。

你是否经常更换微信头像

频繁更换微信头像

有的人频繁更换微信头像，其实这种行为容易暴露自我。人们在面对潜意识里无法接受的东西时会产生焦虑情绪，自我暴露就是潜意识里的东西显现出来了。

每个人的内心都有他人不可触及的部分，可能是一段受伤的感情，也可能是一段不堪回首的记忆。那些敢于接受自己的人，会慢慢理解这些经历，提高自己的价值和吸引力；而那些极力隐藏自己的人，则总会看到自己的缺点。所以，从心理健康的角度看，适当的自我暴露是接纳自己的表现，有助于减少与他人之间的矛盾和缓解消极情绪。

此外，频繁更换头像的人往往把情绪都表现

在脸上，也就是情绪起伏较大。这些外显的情绪分为积极情绪和消极情绪，积极情绪可以带给我们充足的动力，朝着目标前进；消极情绪和痛苦的经历可以帮助我们加深对自我的认知，不断调整自己，发挥自身优势。

不愿意更换头像

还有一些人不经常或不愿意更换头像，他们害怕更换头像后他人就找不到自己或不能及时记起自己。这类人有一个共同点：抗拒改变，对不确定性和未知事物感到恐惧。这种心态让他们甘愿维持现状，不愿意做出任何改变。这让他们总是原地踏步，过着墨守成规的日子。

此外，微信头像可能会反过来影响我们的心境。你可以回想一下自己曾经用过的微信头像，在不同的心理状态和人生阶段，微信头像是不是不一样，一方面环境影响了你对头像的选择，另

一方面你选择的头像会促使你调整自己。正如那些喜欢用背影照片作头像的人，他们的内心可能追求神秘感且比较独立，他们不希望给身边的人太大的压力，于是选择了不表露情绪却又带有一定的距离感和引人遐想的微信头像。

小贴士：如何巧妙利用头像塑造个人形象

一方面，我们可以将社交软件的头像视为自己的一部分，它代表着我们的状态和态度。也就是说，我们的个人状态和态度其实处于暴露状态。另一方面，头像也是我们的一个身份证明，与我们穿的衣服、养的宠物一样，当他人看到这些信息时，能立刻联想到我们。所谓利用头像塑造个人形象，其实就是这个原理。因此，在选择头像时，我们可以运用心理学中的首因效应、近因效应和光环效应等人际交往原则。但首因效应在多数情况下只在开始时起作用，一旦关系进入实质性阶段，近因效应和光环效应就会接替发挥作用。所以必要时，我们可以根据交往人群的特点采用不同的策略和方式，改变或巩固他人对我们的印象。

当下社会，人们在网络上交流得越来越频繁，一个人的社交头像和名字往往就是他自己给外界的第一印象。不要小瞧第一印象，在快速交流过程中，第一印象在很大程度上决定了你今后与对方沟通、交流的上升空间有多大，双方的关系能够进展到何种程度。

朋友圈经营是一种印象管理策略

当下，各种社交软件层出不穷，越来越多的人选择通过社交平台表现自我、交朋友等，并且可能带有一定的目的性。在此过程中，人们的心理和行为都会发生改变。例如，我们在微信上刚添加了一个新的好友，一般会先看对方的朋友圈或视频号，这样就能大概知道对方长什么样子、平时的喜好及关注哪些方面。这就促使越来越多的人把自己的朋友圈作为印象管理的一部分。而我们所看到的，其实都是对方想让我们看到的人物设定，即人设。

印象管理

在日常的社交中，印象管理就像一副拥有超能力面具，戴上它我们将不再惧怕社交世界里来势汹汹的"怪兽"。加拿大社会学家欧文·戈夫曼在《日常生活中的自我呈现》一书中首先提出了"戏剧论"，又被称为印象管理。在社会这个舞台上，每个人都竭力地做出符合自己角色形象的行为，以获得期待的评价和理想的人物设定，而这些人物设定，正是对方希望看到的，如"暖男""学霸""吃货"等。当对方看到我们的角色形象与其心中预想的基本吻合时，那么我们的印象管理就做得很成功。很多人希望在各个方面获得社会或他人的赞同，于是会采用一些方法控制自我社会交往的发展，这便是印象管理的过程。

一般而言，一个人的社交形象包括体态、穿着、言语和行为，因此，印象管理又可以分为容貌管理、声音管理和行为管理。

容貌管理

容貌是一个人给他人留下的最简单、最直接的印象，它在社交中起着举足轻重的作用。一个人的容貌是先天的，但随着科学技术的发展，改变容貌已不再是一件困难的事。

其实，我们大可不必在自己的容貌上花费过多的心思，只需要在特定的社交关系中找到自己的定位，并按照这个定位对自己的容貌进行一些简单的修饰即可。例如，我们在面试时应穿着正装，把自己收拾得干净利落，如果我们蓬头垢面、衣着随意，那么就会与自身在面试环境中的定位产生严重的偏离，从而给对方留下不好的印象或引起对方的反感。

声音管理

在与他人的交流中，我们的声音也很重要，一个好听又有辨识度的声音往往能给他人留下深刻的印象。那么，我们如何美化自己的声音呢？ 假如你的声音过于纤细，说话声音很小，可以多阅读一些慷慨激昂的诗歌和文章。假如你的声音浑厚且口音很重，可以在说话时放慢语速，逐字发音，尽可能做到吐字清晰。总之，我们要找到适合自己的发音和说话节奏。

行为管理

一个人的行为包括谈吐、动作和行为习惯等。在印象管理中，行为管理最为复杂，这里以社交礼仪为例进行说明。在日常的社交中，倾听与赞美很重要。每个人都希望自己的观点被他人认可，都希望得到他人的赞美。为了获得他人的赞美，我们会对自己的行为进行修饰。

我们并非每天都和微信里的所有好友聊天，朋友圈这个功能恰好可以满足我们想要表达却又不好意思"群发"的心理。每个人都有表达的欲望，并且不仅局限于对家人和朋友。在生活中，我们往往向周围的人分享自己的所见

所闻。而朋友圈这个功能可以使所有的微信好友看到我们的实时个人动态，并且平时很难见到或很少沟通的亲人、朋友也可以在朋友圈中看到我们的动态，还可以通过点赞和评论增进相互之间的交流。

当然，除了单纯地想要与他人交流，我们经营朋友圈也是想给他人留下一个好印象。例如，我们通过在朋友圈里发布一些关于健身、读书的内容，可以让他人知道我们是一个自律、上进的人，并因此获得对方的积极评价，而这种评价反过来又会提高我们对自己的评价和自尊心。

在自我概念中，不仅有内在自我，还有社会自我。每个人在社会中都有相应的位置，在日常生活中要按照自己的相对位置来行事，但是与之相比，朋友圈恰恰是一个不那么严格的区域，每个人都可以在这个区域表现不同的自我。

为什么很多人热衷于朋友圈的印象管理呢？因为当一

个人的现实生活不理想时，朋友圈则会成为其塑造理想生活的场所。朋友圈的自我表现大概分为以下几种。

- 第一种是呈现积极的印象。这类人很注重自己在朋友圈里所呈现的形象和他人对自己的看法。
- 第二种是呈现内心感受。这类人通过朋友圈分享自己内心的真实想法和感受。
- 第三种是呈现消极的印象。这类人通过朋友圈吐槽自己的不满，释放消极情绪。

另类印象管理 —— 不发朋友圈

然而，有些人不开放朋友圈或不发朋友圈。这类人很可能具有掩饰性人格，习惯性地隐藏自己的真实想法，不愿意把真实的自己展现给"外人"看。北京大学新媒体研究院学者黄莹认为，很多微信用户不发朋友圈是一种防御性的印象管理。因为在很多人看来，朋友圈是具有私人性质

的场所，过多地在朋友圈里展现自己会暴露个人隐私，于是他们往往会根据不同需求采取不同的措施来保持自己的可控性，注重自己的信息公开与保护隐私的平衡。他们可能会对微信好友进行分组，希望不同的朋友圈内容被不同的分组人群看到。他们还会纠结自己编辑的某条朋友圈内容是否有品位，是否适合发布在这个分组，是否会被他人误解，一旦分组被识破怎么办，一想到这里，干脆就不发朋友圈了。

朋友圈三天可见

为什么有些人的朋友圈会设置成三天可见？这其实是一个很矛盾的举动，一般人发布的朋友圈是思量再三的文案和照片。那么，为什么又只允许好友看自己近三天的朋友圈动态呢？他们可能认为自己的信息面临被泄露的风险，所以三天可见是一种保护个人信息的方式。真正的朋友不用看朋友圈就很了解你，因为你们在现实生活中经常往来，把朋友圈设置成三天可见是针对那些不怎么往来又想通过朋友圈窥探你隐私的人。

我们高估了自己在朋友心目中的位置

　　美国一所大学曾做过一项有关朋友关系的调查，任务是匿名为自己的同学打分，得分在 3 分以上表明你和对方是朋友关系。结果很有趣，超过 1350 人给对方打了 3 分，认为自己与对方是朋友关系，并且他们以为对方也会给他们打相似的分，结果其中仅 710 人给他们打 3 分。也就是说，接近一半的人不认为他们是自己的朋友。

　　当我们对一个人好时，在潜意识里就会认为自己应该得到同样甚至更多的回报，对朋友也不例外。

　　在生活中，我们常会遇到这样的情形：我们事事把朋友放在首位，可对方却不在乎我们的感受，于是我们就会感到困惑，"我像对待家人一样对待他，他提出的要求我都尽量满足，但他又为我做过些什么呢？我在他心目中的地位究竟是怎样的呢"。我们需要明白的是，**我们永远无法准确衡量自己在对方心目中的分量**。当你对一段关系感到失望时，沮丧、抑郁等各种负面情绪随即而来，这时的你根本看不到生活斑斓的色彩、明媚的阳光和蔚然的美景，你会感觉心痛不已，颓废郁闷，甚至对任何事都提不起精神。

出现上述状况往往是因为朋友在现实生活中的表现与我们的期望不符，因此我们觉得委屈、不公平。同时，我们也可能怀疑是不是自己哪里做得不够好。然而，问题可能并非出在我们身上。从心理学角度看，造成这一问题的关键是我们从一开始就犯了一个低级错误：我们高估了自己在朋友心目中的地位，即在朋友心目中我们可能并没有那么重要。

对每个人而言，朋友都是非常重要的他人。我们与朋

友构建的社会关系将我们与不同年龄、性别、地域、社会
角色的人联系在一起，这是一种精神上互相理解、行为上
互相帮助的关系。"朋友"这一概念从其诞生开始，就具
备强烈的双向性，良好的朋友关系必然建立在双方平等互
动的基础上。尊重、信任、支持对一段友谊的维持起着关
键作用，亲密的朋友能感受到彼此的温情。不过有很多人
发现，随着年龄的增长，朋友似乎越来越不在乎自己了，
很多人对此苦恼不已。

等价关系带来的错觉

　　法国著名社会学家、人类学家马塞尔·莫斯在其著
作《礼物》中提到，社会交往是建立在"互惠"基础上的
一种关系，类似人们进行礼物交换的过程，当一方进行了
赠予，那么另一方就要进行回馈，只有这样一段关系才真
正形成。假如你十分重视与某人的关系，但对方并未做出
或及时给予你回馈，那么你也许会认为对方并不重视这段
关系。

正如马塞尔所言，很多人在处理朋友关系时，会下意识地将朋友之间的互惠互利与经济上的等价交换画等号。通俗来讲就是，你认为如果自己为朋友付出或提供了帮助，那么他就应该给你同等甚至更多的回报。一旦朋友的回报低于你的预期，你可能就会产生强烈的失落感，甚至出现"在他的心目中我已经不重要了"的感觉。

事实上，人与人的心灵交互具有主观性和不可预见性，每个人表达对他人重视的方法不尽相同。朋友之间交往的过程绝不等同于商品的等价交换，等价交换的想法只会导致友谊商品化，关系不再纯洁，而是被赋予更多物质的意味。

我们永远无法用一个准确、固定的标准衡量一段友谊中的两个人是否平等。个体之间本就差异巨大，你认为的冷漠可能是对方特有的表达方式。这就告诉我们，尽管人与人之间的关系需要互动来维持，但是这种互动并不是模式化的、一成不变的，我们没有必要因此心生困扰。

在两个人的交往中，或许你认为自己付出了很多，但在对方看来并不以为然；同样，或许你认为对方已经不在乎你们之间的情谊，其实在对方心目中你们的关系坚不可摧。如果你真的对一段关系感到失望，不妨花点时间与对方确认一下。在面对好朋友时，衡量友情价值的心理本身就不正确，并且以此为出发点建立的友谊也很脆弱。把友情当作等价交换的商品，换来的必然是钩心斗角的心理博弈。

一个残酷的事实是，我们真心对朋友并不一定换来纯洁的友谊，或许在对方的心目中，你可有可无。当你发现了这一事实时，可能会感到委屈与生气。出现这一现象的原因是，你对自己和他人没有形成正确的认识，而是错误地高估了自己在他人心目中的位置。因此，我们不能一厢情愿地认为只要自己对朋友付出了真心，对方也一定会把自己当作知心朋友。

如果你察觉到朋友对你并没有那么在意，那么最好的处理方式是与对方保持一定的距离，将其视为普通朋友。

如果对方只是普通朋友，我们就不需要付出太多的精力，更需要保持一定的距离。

不同人生阶段的友谊

人们感觉自己在朋友心目中不再重要的原因还与逐渐增加的生活压力有关。在学生时代，我们除了学习以外基本没有其他压力，因此与朋友在一起相处的时间很多，往往能够结交很多无话不说的好朋友。而在进入青春期后，男生和女生对朋友的需求会开始发生变化。具体而言，男生之间的友谊是围绕着共同的活动而展开的，女生之间的友谊则以情感分享和自我暴露为特征。心理学家奈特·邓拉普对不同性别的友谊定义为：男生的友谊是肩并肩，而女生的友谊是面对面。

当我们踏入社会后，会面临朋友数量明显减少的状况，事业与家庭开始占据我们的大部分时间，留给朋友之间交流、互动的时间变少。例如，在上学阶段，许多之前

非常要好的朋友在大学毕业后就逐渐失去联系。

人们在参加工作后也会结识很多新朋友，但由于此时人与人之间已经涉及利益分配的问题，因此在交友时会有明显的选择性与倾向性。而通过这种"有目的的接近"认识的朋友，后期很难与之发展成真正的友谊。总之，在成年后，人们对朋友的需求会降低，加上此时朋友之间掺杂了利益的成分，我们也就很难在朋友心目中占据重要的位置了。

那么，人们会因为朋友的减少而感到孤独吗？当然不会。事实上，我们本来就不需要太多朋友，朋友数量减少意味着留下的都是最要好的朋友。

是友敌还是好朋友

有时，很多成年人会发现自己需要朋友，但结交新朋友又很困难，其实这是因为成年人的社交经常伴随着压力。你认为的朋友可能是不断给你施加压力的"友敌"（即伪装成朋友的敌人或互相竞争的同伴）。《朋友或友敌》一书的作者安德烈·拉文塔尔指出，想要判断一个人是不是友敌，只需要想一想你们约定的聚会取消后，你是否会长舒一口气，如果是，那么他就是你的友敌。

从社会心理学的角度看，成年人之间真正成为好朋友至少需要具备以下几个条件。

- 相互暴露
- 深度交流
- 相互付出和索取
- 形成内群体

首先，我们要放下戒备，将自己完全暴露在对方面前，这样才可能获得对方的信任。其次，我们需要开启深度的交流，相互支持并认可对方的情感，在这个阶段我们与对方已经具备基础的朋友关系了。再次，我们要尝试相互且合理地付出和索取，这个过程会增加两个人之间的

亲密感。最后，彼此形成内群体，个人意识统一，关系也就稳固了。不具备这四个条件，就很难形成稳固的朋友关系。

如果我们一厢情愿地认为自己是对方的好朋友，就是在自寻烦恼，为何不让自己解脱呢？人际交往的第一步是我们要先了解自己是一个怎样的人，只有正确认识自己，才能更好地与他人交往。

我们可以完全相信朋友吗

作为社会化的动物，朋友在我们的一生中扮演着极其重要的角色，在某些重要时刻，朋友的重要性甚至会超过伴侣、亲人。那么，我们可以完全相信朋友吗？要回答这个问题，首先要了解人为什么会在意朋友。

友情，另一种亲密关系

友情本质上属于一种亲密关系，而且属于没有血缘关系基础的亲密关系。由于情感没有等价物，因此情感的交

换就很难衡量。由此可见，构建一段健康且长久的亲密关系并不容易，这在爱情上表现得淋漓尽致，而友情在亲密关系的构建中则是最容易的。我们不可能每天换一个爱人，但却可以每天交一个新朋友。在成长的过程中，我们会通过友情来收获人格层面的成熟，这就让人们对友情这种亲密关系产生天然的依赖。

完全信任他人是缺乏心理边界感的表现

在人们感到焦虑和抑郁的时候，社会认同和社会支持发挥着极其重要的作用，而与朋友相处正是获得社会认同的一种方式。我们更容易与认同我们的人成为朋友，并且从朋友的反馈中，我们往往能够看到自己的不足，从而形成一个更完整的"自我"形象。从本质上讲，这是通过外部构建形成的"镜像"。我们拥有的这类朋友越多，通过这种构建形成的积极"镜像"就越多。也就是说，"我是一个被他人接受的人"的自我认同就越多。这时，人们的焦虑情绪就会减少。

虽然朋友很重要，但是我们并不能百分之百地相信朋友。如果我们完全相信朋友，我们的心理边界就会被社会认同和社会支持吞噬。心理边界是区分自我和他人的界限，完全信任一个人是缺乏心理边界感的表现。

人虽然是社会化的动物，但是人与人之间的所有亲密关系应该是交集，而不是重合。如果一个人缺乏心理边界感，他就会缺乏理智，并且给自己和他人带来很大的困扰。例如，你想要拒绝对方，但是却不好意思，然后陷入自责和内疚中。

很多时候，当我们在构建社会关系的初期，可能仅限于少数几个朋友。如果此时我们的内心很脆弱，那么我们的社会支持感和社会认同感就会强烈依赖这几个朋友。因此，我们是否认同自己、我们到底是怎样的人、是否会自我攻击、是否会自我否定，在很大程度上取决于友谊的质量。

心智休克

当一个人缺乏理智时，会产生"心智休克"的现象。例如，把自己的钱全借给朋友，或者为了帮助朋友把自己的生命安全置于危险的境地。这就是心智休克的表现。

上述举例都是完全相信和依赖朋友导致的结果。很多人有过在某一刻失去理智的情况，在其他人看来完全不能理解，甚至当事人自己事后想起来可能都无法理解。我们通常说的"冲动""上头""没想那么多"等都是心智休克的表现。

朋友之间，你是你，我是我。我可以感受你的喜怒哀乐，但是你的遭遇并不是我的。缺乏心理边界感会给人们带来很大的困扰。例如，你想要拒绝对方，但是由于不好意思而选择接受，然后陷入自责和内疚。

虽然我们不能完全相信朋友，但并不代表我们不能相信朋友。我们还需要从朋友身上获得社会支持和社会认同，我们对朋友的付出也能够让我们感受到自己的价值。

被朋友背叛是什么感觉

被朋友背叛，我们往往会体验到以下几种感觉。

- 羞耻感。在被朋友背叛后，我们会体验到羞耻感，并质疑自己的眼光，同时还会质疑对方对我们的认同是不是真的，即质疑自己。

- 代价感。所有的亲密关系都需要付出，有付出就有相应的代价，代价可能是时间、情感、金钱甚至生命。

- 被剥夺感。朋友的背叛会让我们的付出付诸东流，而失去的痛苦还远大于获得的快

乐。这是因为沉没的代价带来的"被剥夺"感让人很难受。这种"被剥夺"的代价感可以理解成边界受到侵犯。

无论多么要好的朋友，
关系总有一天会变淡

最好朋友提名法

你有多少个亲密的朋友？在回答这个问题前，请你先准备一张纸和一支笔，然后在纸上写出你认为和你关系最亲密的三个朋友的名字，你与他们的亲密程度逐渐减弱。并且你确信在对方的这份名单里，你也位列其中。

其实，这是确认朋友关系和数量的一种方法 —— 最好朋友提名法。能够相互首选的两个人之间的友谊是最稳

定的，或者至少是对方心目中的前三名，否则就算不上亲密朋友。如果你连三个亲密的朋友都选不出来，那么可能需要重新审视自己的社交圈子了：是不是熟人居多，朋友偏少？哪些是"酒肉"朋友？哪些是普通朋友？哪些朋友值得进一步发展以建立稳定的关系？哪些朋友是时候不再来往了？

巴菲特曾提到自己对友谊的看法，即珍惜那些让你找到最好自我的人……你和谁在一起是你做出的最重要的决定，如你的伴侣，你将会从对方身上获得启示。巴菲特认为，如果你和比自己优秀的人在一起，你朝着更优秀的方向前进的可能性更大。

美国心理学家卡尔·罗杰斯曾对友谊做出了三方面的概述：一是愿意与对方交流自己的内心思想和情感秘密；二是给予对方充分的信任，并且坚信其不会出卖或反对自己；三是仅限于极少数知己或密友之间存在的特殊情谊。

从社会心理学的角度看，朋友关系是一种特殊且有别于亲情的社会关系，两个人在某些方面（可能是一个方面）有共同的需求就可以称为朋友。这里的需求可以是精神、情感方面的寄托，这些共同点让你们可以相互倾诉、依赖、分享。

例如，你们都是篮球爱好者，并且是某球星的粉丝，那么你们就可以相互分享关于他的一切；如果你们都是音乐爱好者，可以相约去听音乐会。球星和音乐是你们的情感寄托，而相互分享的过程则是你们共同的精神需求，你们可能在其他方面毫无联系，但是在共同爱好方面却保持高度一致。

然而，仅依靠单一的共同需求维持朋友关系，会导致友谊随时崩塌。究其原因，单一方面的心理契合并不能确保两个人的整体步调一致。随着年龄的增长、社交圈子的改变、思想观念的转变，你和对方之间的矛盾、利益冲突等越来越大，也就很难再因以前的那一个共同点而维持朋友关系。总结下来，在现实生活中，朋友关系变淡的主要原因有以下几个。

1. 缺乏沟通和交流

朋友之间需要相互扶持，共同进步，是一种只有双方都付出才能收获的情谊。这种情谊需要双方互相理解、包容，用真诚的态度、将心比心地对待对方，只有这样朋友关系才能更长久、和谐。

在生活中，有些友谊可能会因为异地、长期缺乏沟通等原因慢慢变淡，甚至不复存在。还有一些友谊因为双方繁忙，忽略了关系的维系，导致双方越来越疏远，友情也越来越淡了。因此，如果想要一段友谊走得更长久，双方要时不时地进行沟通和交流，及时给予对方支持和鼓励，只有在生活中相互扶持、互帮互助，友谊才不会随着时间的流逝而变淡。

2. 生活阅历不同

两个人成为朋友最初大多是因为双方生活在同一环境中，但是随着时间的推移，双方的人生阅历可能会慢慢地发生变化，思想、价值观也会变得不同。而当思想层面出现差异时，两个人之间的共同语言就会越来越少，关系自然会变淡了。

人们往往更愿意与同一社会层级的人交朋友，因为同一思想境界、同一经济水平、同一价值取向的人之间会产生更多的共鸣，也更容易理解对方，从而就有更多的共同语言，关系自然更亲近。

3. 不经意间的伤害

人类是感性动物，时不时会做出一些不理智的行为，这会在不经意间伤害他人。受害方为了避免再次受到伤害，会远离一切可能给自己带来伤害的因素，包括直接主导者，无论双方曾经多么亲密，也许友谊还能继续维持，但再也回不到过去的相处模式了。

层次友谊模型

历史上的"管鲍之交"被人们津津乐道，视为友谊的最佳典范。他们相互了解，即便身处不同的"阵营"，但因为有相同的人生期望，都渴望在乱世中成就伟业，他们依旧成为好朋友。放到今天这个浅社交流行的时代，"管鲍之交"显得有点理想化。现如今，朋友关系或多或少掺杂着利益，我们很难抛开目的单纯地去了解一个人，社交总是浮于表面，所以社交关系难以经受环境变化的考验。

在布库斯基和霍查提出的层次友谊模型中，评价朋友关系的重要考量是在复杂且不断变化的社会环境中，两个人依然能够相互袒露、交流、提供支持的程度。如今，朋友关系发生变化的根本原因正是双方没有经受住环境和思想观念变化的考验。一方面，双方本来重叠的生活圈逐渐被压缩直至彻底消失，另一方面则是社会和经济地位的变化。

当两个人都还在读大学时，彼此的社会身份是统一的，你们可以毫无保留地分享自己的生活并在社交活动中投入更多时间和精力，生活圈子几乎也是重叠的，这个阶段的友谊往往不会受到太多外在因素的干扰。

当步入社会后，空间上的隔离带来的不仅是共同的生活圈子被压缩，共同话题也随之减少。相比曾经一个眼神就明白对方的意思，如今想要维持这段友谊则需要付出更多的时间和精力。当你们有了各自的事业和家庭，也就更不可能再用最初的态度和模式与对方相处了。因为你们有了各自的事业、家庭、社交圈子、人生目标，再次遇到老朋友，已时过境迁，并且你们对同一件事的看法可能和以前也不一样了，而一旦一方改变了，这段关系就很容易产生瑕疵和矛盾。

英国的一项社会心理学研究显示，人们总是会定期与自己的某个朋友闹矛盾，而双方关系一旦出现裂痕，短时间内往往无法修复，即使双方都很理智，在之后的接触中为了避免冲突而有意识地降低自己的标准，但仍会出现各种始料未及的矛盾。

　　无论多么要好的朋友，关系总有一天会变淡，这是一个持续发生的社会现象，也是个人社会关系发展的必然趋势。随着时间的推移、年龄的增长、阅历的丰富，我们身边的大部分朋友关系都将面临降级，期间不断会有新朋友加入，而曾经的老朋友却慢慢地淡出我们的朋友圈。这并不一定是坏事，朋友从来都不是越多越好，真正能陪你走到最后的朋友才弥足珍贵。

大部分朋友都是阶段性的

从"我们"到"你们"

在综艺节目《朋友请听好》中，有一位嘉宾说过这样一句话："他们可能都不愿意承认，朋友是阶段性的，但是我觉得就算我们不承认，也必须接受，就是大家不一样了。"

人生的旅途这么长，有许许多多的岔路口，手牵着手的朋友共同走过了一段美好的时光，等遇到岔路口的时候，就要做好各自奔赴前程的准备了。

朋友的存在就像鲜花，在房间的角落静静地盛开，默默地陪伴我们，也装点着我们单调的生活。但是鲜花会渐渐地枯萎，终究会在某一天离我们而去，但它们最想让我们记住的不是失去后的痛苦，而是共度的美好时光。

都说儿时的朋友最值得怀念，但很少有人探究两个好朋友为何会走到相互怀念这一步。儿时的友谊只是两个人的生活在那一段时间有交叉，看似坚不可摧的友谊总是败给了生活的必经环节。例如，升学、转学、搬家，看上去只是生活中的常事，却成为朋友间渐行渐远的导火索。由于生活轨迹不再重叠，因此两个人没有了共同的生活空间，每天发生的故事的主角也从"我们"变成了"你们"。

小孟和小杰是大学舍友，两个人总是形影不离，吃饭、上课、出去玩，彼此相互陪伴。小孟原本以为两个人的友谊牢不可破，可没想到，换宿舍事件让两个人成了陌生人。

原来宿舍里的其他几个人孤立小孟，小杰选择支持小孟，最后导致自己也被孤立。后来出现一个换宿舍的机会，小孟就换到了其他宿舍。可令人没想到的是，小孟一走，小杰就不再与小孟来往，并且迅速融入原来的宿舍。两个人之间的友谊也在一时间烟消云散。

成功命题

霍曼斯是社会交换理论的创始人，他运用强化原理，提出了一系列构成社会交换理论基础的基本命题。

首先是成功命题，他认为行为重复的频率取决于行为获得奖赏的频率和及时性。一种行为获得奖赏的概率越高、奖赏越及时，该行为重复出现的可能性就越大。

我们之所以愿意与一个人交朋友，是因为我们在与其

相处的过程中得到了频繁的正强化，并且强化类型是及时强化而非延迟强化。

例如，一个人不爱说话、比较害羞，他渴望与一个热情的人交朋友，某天他遇到一个人，这个人符合他对想交一个热情的朋友的期望，在以后的相处中，他越来越喜欢和对方在一起。这就意味着他受到了强化，所以才会增加与对方交往的频率。因此，我们更倾向于和那些能够经常给予我们正强化的人做朋友。

强化的及时性也影响着我们对朋友的选择。例如，在学生时代，我们比较容易和同桌成为朋友，工作后容易和临近的同事成为朋友。比起那些不能立即领会我们所思所想的人，我们更愿意和那些与我们"无缝衔接"的人做朋友。

因此基于霍曼斯的成功命题，在朋友关系中，只要对方的正强化频率足够高且及时，人们就可能"移情别恋"，与曾经要好的朋友渐行渐远。

价值命题

其次是价值命题，即一种行为对一个人的价值越大，这种行为对个人的奖赏就越高，其重复这一行为的可能性就越大。这一命题为解答朋友之间为何逐渐疏远提供了理论依据。在某一段时间内，人们之所以与一个人成为朋友，是因为和对方交往这一行为对他们来说非常有价值，并且这一行为能给他们带来某种奖赏。例如，人们之所以选择与志同道合的人交朋友，是因为他们与对方的所思、所想、所做一致，与其合作或交流对他们有价值，并且这种交往能够给他们带来新的体会和启发。

但是，随着年龄的增长和生活经历的变化，人们的交友标准也会发生变化，因此会建立新的朋友圈，而与以前的好朋友渐行渐远。

不管怎样，在漫长的人生旅途中，我们在某段路上遇到了同行者，并与之相互支撑、陪伴、鼓励，然后分

开。在未来的某个时候，我们可能还会想起那个曾经为自己撑过伞的朋友，然后会心一笑，这就是相遇的意义。

第二篇

邮
电

远离低层次的朋友圈

你的微信名字暴露了你的信息

时至今日，我们判断一个词或短语的确切含义，往往需要结合具体的语境和说话者的心理状态。在网络社交平台上，当各种词汇、头像、图片混搭时，会产生复杂的含义，很容易引发人的联想，如根据对方的微信名字推测其性格、工作、生活习惯、爱好等，并对对方形成第一印象。

不同类型的微信名字可能隐含的个人信息

当我们接收到对方的微信名字和微信头像这一信息组

合时，大脑就会开启扫描模式，对其形成一定的认知。我们可能会根据对方的微信名字判断其兴趣爱好、性格，甚至社会地位，并且我们会将这种主观判断带入之后与对方的交往中，形成一种持续且稳定的"刻板印象"，也被称为类属性思维。下面我们就介绍一下不同类型的微信名字可能隐含的个人信息。

1. 名字中带有英文单词或字母

以下三类人的微信名字中会带有英文单词或字母。

一是追求新鲜感与潮流的人，如刚工作不久的年轻人，他们可能会对身边经常出现的一些英文词汇或自己曾经的英文名特别的痴迷。

二是对现在的生活感到不满意的人，如没有找到理想工作的"海龟"，他们可能会使用英文名或英文名加上自己的姓及一些其他符号作微信名。另外，微信名中夹杂着英文可能是一种寻求自我提升、追求理想生活的暗示。

三是个性鲜明却缺乏精神寄托的人，这类人的社交圈子宽泛但交心的朋友少，以至于他们企图通过小众的名字引人瞩目。

还有一些人的名字是英文加上绘文字，如在英文名字后面加上爱心、动物、表情包等。在生活中有两类人喜欢用这种名字：第一类人性格外向活泼，享受生活，喜欢表现自己，同时他们接纳新鲜事物的能力很强，但性格比较极端；第二类人在性格上具有掩饰性，他们用表情符号掩饰自己真实的情绪和想法，在很多社交场合中他们多变，给人捉摸不透的感觉。

2. 使用真实姓名

大部分使用真实姓名作微信名字的人都非常自信、坦诚，他们厌恶虚假，总是希望在社交过程中向他人呈现自己最真实的状态，有时候他们可能不够幽默，但当真正面临困境的时候，他们会成为非常可靠的盟友。

3. 带有形容、描述、状态类词汇的名字

有些人喜欢把自己形容得很渺小，有些人则喜欢把自己形容得很高大，这一点从他们的微信或其他社交平台上的名字上可以窥探一二。喜欢用阿×、小×等名字的人往往内向且不自信，是典型的"奉献者"，为了帮助他人甚至不惜损害自己的利益。

有些人喜欢使用艺术化的名字作微信名字，包括对状态和心情的描述，如"我心永恒""青青子衿"等。这类人往往内心细腻，善于思考，浪漫。

还有一些人的微信名描述的是自己近期的生活、工作和感情状态，如不吃甜食的×××、每天跑步 10 公里的×××。从心理层面看，这其实是一种渴望被关注、被关怀的状态。这类人的倾诉欲望很强，性格上有点小可爱且固执，他们希望自己的状态被他人看到，以此传递某些信息。这种方式的确比发朋友圈能获得更高的曝光度。过一段时间你可能会发现，他们的名字已经变成了偶尔吃甜食

的 ×××、每天跑步 3 公里的 ×××，在和对方聊天的过程中，这些信息会反复出现，也就给人的印象更深刻。

频繁更改微信名字

有些人频繁更改自己的微信名字，他们比较感性，追求自由，厌倦一成不变的生活，希望在平凡的生活中找到一丝乐趣，不喜欢受限于各种规则。

此外，还有一些人的微信名是谐音或搞笑风格的，如"唐伯虎点蚊香""我的姨妈'00'后"，这种情况以学生居多，这类人的内心往往不成熟，喜欢非主流。在生活中，他们很可能是"杠精"，喜欢对身边的人指手画脚。

从社会心理学的角度看，上述对微信名进行分类并分析其中隐藏的信息的行为其实是一种评价，即我们将一类人与一个名字进行匹配。生活中处处充满着评价，我们的一举一动被他人看在眼里。在朋友面前，我们希望自己扮演一个乐于助人、为朋友两肋插刀的角色；在父母面前，我们期望自己的表现能够被认可；在职场上，我们渴望被尊重、有成就感、有胜任力……总之，他人无时无刻不在评价我们，而我们也会有意或无意地评价他人。这些评价的目的之一是将所有人进行分类，以帮助人们快速形成对他人的认知，从而为以后的交往奠定基础，这在心理学上被称为类属性思维。但这种思维模式有明显的弊端，如果某一天我们发现印象中的他和真实的他之间存在巨大差距，我们就会陷入矛盾中。

社会知觉

当你从以上分类中找到自己或朋友的微信名字所属的类别时，你会感到惊喜，同时还会形成特殊的"社会知觉"，你会将拥有同一类微信名字的人归为一类，或者对他人的微信名字做出评价，进而形成一种整体印象。

社会知觉指人们对各种社会性的人或事物形成的直接的、整体的印象。比如，你从小就觉得自己的父母很严苛，或者认为某位异性独具魅力，这些都属于社会知觉的范畴。社会知觉是一种非常复杂的心理现象，对同一个人，不同的人对其印象千差万别。例如，你喜欢某个异性，认为她的样貌非常符合你的审美，当你把对方的照片拿给朋友看时，他们可能会觉得这个人很一般。而在之后的一段时间内，你们多次结伴出行，朋友对她的了解也随之加深，印象也变得比之前更好。

可见，对同一个人，不同的人可能会有不同的知觉，并且随着时间的推移，每个人的知觉也会发生变化。

刻板印象

在生活中，我们经常凭借一些片面的信息推测某一类人的特征，最终形成刻板印象。这些信息可能来自父母、其他长辈、朋友等，也可能来自社交媒体对某些人群特征不正确的信息加工，这些观点或思想的大量灌输都有可能让我们形成对某类人群的刻板印象，并且影响深远，最终造成我们喜欢或讨厌他们。

由于刻板印象基于我们已有的经验，因此很多时候我们在进行社会认知时会过于主观，进而造成错误的判断。比如，提到"顶梁柱""主心骨"这些词语，我们首先想到的便是男性，但实际上在很多家庭中，女人才是经济上或精神上的支柱；提到"温柔""贤惠"这些词语，我们首先想到这些是女性的特征。上述现象在我们对名字信息的提取中体现得尤为明显。

人如其名

如果把名字按性别印象划分，我们可以将其分为女性化名字（名字听起来像女性）、男性化名字（名字听起来像男性）和中性化名字（不能从名字判断其性别）。有一项关于名字与刻板印象的研究，从性别化名字感知入手，

探究了性别化名字对人际交往的评价机制产生的影响。研究团队邀请了多名被试，对相应的男性化名字和女性化名字进行能力程度与热情程度的评判。结果发现，人们普遍认为拥有男性化名字的人具备更强的能力，而拥有女性化名字的人往往更热情。

由此可见，名字所暗含的性别倾向会影响人们对名字主人各方面能力的评价与感知。在大多数情况下，人们对拥有男性化名字的人，会按照对男性的固有印象进行感知，如能力强、为人果断、理性，即在大部分时候将这类名字物化为男性社会角色进行感知。同理，拥有女性化的名字人也会让人们对其产生关于女性的刻板印象，如热情、亲和、可爱。

当然，研究人员同样也做了反性别名字（与个体性别完全相反的名字类型，如男性用女性化名字，女性用男性化名字）与他人对其评价机制变化的观察实验。通过让被试进行情境联想来做出评价。结果发现，对有着男性化名字的女性，被试大多体验到了低亲和力、低热情度、太过冷漠及女强人的感觉。而对有着女性化名字的男性，被试普遍认为他们缺乏魄力，遇事犹豫不决，优柔寡断。由此可见，大部分与个性性别不符的名字并不会得到积极、正面的评价。而对拥有中性名字的个体，很多人会自动将其物化为中性角色，如冷静、沉着、聪明这些词语经常是我们对这类人的第一印象。

更有趣的是，当你认真观察名字与个体的关系时，会发现很多时候确实存在人如其名的现象，如很多有着男性化名字的女性，其性格更加强势、果断。那些拥有中性名字的人往往拥有中性的性格，他们既有女性的细腻、敏感，同时也兼具男性的理性与冷静。在很大程度上，一个人的名字与其性格会呈现相似的部分，至于为什么会出现这种情况，可能是名字会对人的性别角色化产生一定的影响。

有人认为，根据名字对他人进行推测和评价是一种片面的行为，然而在很多社交场景中，在很短的时间内，我们的注意力与思维能力有限，对他人的了解也有限，在这

种情况下，通过局部信息来加工整体轮廓也就成了一种思维习惯。

内群体偏见

在社会心理学上，将相互之间有归属感和情感认同的一类人或处于同一个圈子的人称为内群体。理论上，一个人可以同时处于多个群体之中，比如，在学校里，你和老师、同班同学构成了内群体，你们相互喜欢、相互支持并产生紧密联系，然后你可能会反感另一个学校的学生，这一现象叫作"内群体偏见"，即我们总是会下意识地将身边的人进行分类，同类人之间相互喜欢、相互支持，因自己是群体中的一员感到自豪，并排斥其他群体。为什么会出现这种现象呢？具体原因如下：

- 分类行为本身强化了偏见和对同类的喜欢；

- 外界对某个群体的正面和肯定评价会加强个体的融入，并诱导他们像保护自己的声誉一样保护这个群体；
- 内群体偏见可以为群体中的个体提供积极的自我概念，并为自己被归于一个积极的团队而自豪。

可见，我们的确会仅仅因为一个人的微信名字就判定未来是否与其有更多的接触。从心理层面看，借助片面的信息推测整体属于意识层面的行为，在社交中，这可以让我们把极少的有用信息发挥到极致，快速筛选出我们想接触的人。当然在这个过程中，我们会因为追求快速筛选而忽略一些边缘信息，进而导致误解。并且我们也有可能因依赖刻板印象，导致反思空间减少。

你的朋友圈决定了你的格局

　　20 世纪 90 年代，英国牛津大学人类学家罗宾·邓巴根据对猿猴的智力与神经网络的研究认为，人类的智力水平允许其拥有稳定"社交圈"的人数是 148 人。这里的 148 人是指能够与我们形成稳定社交联系的人，而不是泛泛之交，这些人所构成的"社交圈"能够给我们带来稳定、融洽的环境且彼此之间相互影响。其中，精确交往及深入跟踪交往的人数不超过 20 人。

　　邓巴认为，人类大脑新皮层的大小十分有限，其提供的认知能力只能使一个人维持与大约 148 个人的稳定人际关系。这个数字通常已经囊括了人们所拥有的与自己有私人关系的朋友数量。也就是说，无论我们表面上有多少朋友，最终只能与大约 148 个人建立起"内部圈子"，而在这个"内部圈子"的好朋友中，我们经常与之联系和交往的大约有 20 人。

现在看来，邓巴的这一研究意义非凡，他使得深陷现代社交关系网络中的人们能够站在科学而客观的角度，抽身出来反思自己的社交关系是否具有价值和意义。客观来说，社交媒体虽然拉近了人与人之间的距离，但却未必增强人与人之间的亲密程度。现在，**多种多样的社交媒体和社交方式**，虽然极大程度地激发了人们的社交天性，但也钝化了个人的沟通能力。

越来越多的事例证明：社交带来的幸福感，来自社交本身的质量而不是数量。高质量的社交来自彼此之间沟通的深度，而不是沟通的频次。面对越来越繁盛的社交场合、媒体及人数，我们必须有所警惕，不要因各种现代化技术和令人眼花缭乱的社交平台导致我们的人际关系变得越来越扁平与肤浅。

　　我们可以仔细想一想，一年之中与自己始终保持密切交往和联系的人是否超过 20 个，或者把近期所有与自己有过联系的人加起来是否超过 148 个。

　　很多人没有统计过，更没有意识到这个问题，因为我们每天都在微博、微信、抖音、快手、小红书、头条等社交媒体的消息中来回切换，每天都忙到半夜还没刷完消息。而在日复一日的忙碌中，人们会逐渐陷入一种思维误区，那就是"我的社交圈很广"。然而，我们的社交圈真的很广吗？社交质量如何呢？我们的生活和工作因这些人际交往变得丰富多彩了吗？还是我们逐渐成了他人信息的传播者和扩散者？

圈子对一个人的影响

　　从社交层面看，圈子是类似的人构成的稳定、融洽的领域。著名人类学家费孝通先生在《乡土中国》一书中提出了差序格局理论。他认为，在中国传统社会中，人际关系以"自我"为中心，并缓缓地朝周围扩散开来。他还做了一个巧妙的比喻——西方人的人际关系就像一捆捆的柴，整齐有序；而中国人的人际关系则像投石入水后散开的波纹，逐渐向周围扩散。水波扩散的过程就是相似人群聚集形成社群的过程，位于水波正中心的则是"自我"。

圈子的一般形态是家庭或家族，以及差序格局下的社会关系网络。圈子对位于其中的每个成员的暗示和影响不可小觑，因为积极的暗示能催人奋进，消极的暗示则使人堕落、迷失方向，而人类恰恰是唯一能接受暗示的动物。

一个人的生活及成就与其平时接触什么样的人、和谁在一起有关，身边的人可以在一定程度上影响他，甚至改变他的人生轨迹。其实这种行为本身是在进行"自我选择"，即我们在主动接触能带给自己带来一定影响的人，有些人能让我们的人生和事业快速步入正轨并取得成功，有些人则会让我们跌入深渊。

圈子的形成

从生物性的角度看，我们主动接触那些能给自己带来正面影响的人并非趋炎附势，而是一种趋利避害的生物本能。其实圈子的形成和人类趋利避害的生物本能密切相关。为了获得安全感，我们总是会主动接近那些对我们有"利"的事物；为了避免痛苦，我们总是会逃避那些对我们有"害"的事物，这种本能显然有利于生物繁衍与进化。

从众效应

很多公司在招聘时会直接查看高学历或知名高校求职者的简历，来自好学校的学生大多比较优秀，而且他们的交际圈或人际关系也更优质。作家"一直特立独行的猫"分享了她作为交换生在北京大学读书的经历：在之前的学校里，只要没课舍友便在床上躺一天，每天谈论的都是明星的"八卦"与电视剧里的情节。与之形成鲜明对比的是，在北京大学，人最多的地方往往是图书馆；下课后有很多同学围着老师提问题或交流这节课的心得体会。可想而知，当身处后一种环境中时，我们自然会被身边那些优秀的人影响，有更多的动力努力实现自己的目标和价值。从社会心理学的角度看，这就是从众效应。

受从众心理的影响，我们的确容易被身边的人或群体的态度和行为影响，做出符合群体预期的行为以融入群体，进而产生归属感，这是一种很普遍的心理现象。读大学期间，当你回到宿舍看到舍友都在打游戏、刷手机时，你也会心安理得地做同样的事情而不是拿起书看，因为那样只会显得你格格不入。

被接纳是每个人潜在的心理需求。所谓受到环境影响所做出的行为，其实是人类社会性的体现，成为群体的一员便更容易被接纳，其本质也是从众效应。当处于某一环境中时，我们会受周围人的态度、行为等的影响。原因是

一方面由于我们把自己视为群体中的一员，为了能让自己更好地融入群体，我们愿意做与其他人同样的事情；另一方面人是社会性动物，那些我们长期接触的人和环境正在反向塑造我们。你有没有发现，同一环境下同一类人的行为往往具有相同的特征。人不仅受环境等外在因素的影响，还受环境中其他人的影响。

反向塑造

如果一个人的气场很强，那么他的言行举止就会在不知不觉间影响周围的人，甚至改变周围人的言行举止。在认知心理学中，这种现象被称为"反向塑造"。也就是说，你长期与什么样的人打交道，就容易受什么样的影响。所谓"耳濡目染"说的就是这个意思。反向塑造不过是人们囿于各自极为微观的场景得出的相处模式和心得而已。如果我们时刻警惕周围环境对自己的反向塑造，那么结果可能是我们会与环境产生隔阂，在无形中造成某些认知障碍。说到底，塑造与反向塑造必须从环境角度出发，根据个体的情况来判定。而个体与环境的关系，还是要遵循达尔文的一句话："先适应，再改造。"适应之后的改造才是最为稳妥的生存之道。

当然，并不是所有人都会受周围环境的影响。当周围的人天天追剧、打游戏、逃课时，我们完全可以去图书馆学习，做自己喜欢做的事情。我们是怎样的人，就会结交什么样的朋友。和勤奋的人在一起，生命的每分每秒都有一股冲劲；和积极的人在一起，灵魂的每一处都浸透着阳光；和智慧的人在一起，大脑中的每个细胞都吸收着新鲜事物；和颓废的人在一起，每天只有沉沦和低迷。其实优秀的圈子不需要我们费尽心力去争取，只需要我们将学到的东西内化于心、外化于行，改变自己的格局，圈子亦随之而变。

每个人的命运都掌握在自己手中，学会自我增值很重要。如果我们自身不够优秀，即使身处优秀的圈子也未必能融入其中，对方讨论的话题我们未必能听懂，并且这不是"耳濡目染"就能解决的。久而久之，大家会发现与我

们话不投机半句多，进而慢慢地疏远我们。对大多数人而言，身处其中却不知其意，也是一种折磨。

远离低层次的圈子

很多人讨厌逐利的社交，向往纯粹的关系，但事实上，任何一种社交关系都有利益需求，只是很多人看不到。

我们可以将社交分为两类：共情社交和功利社交。共情社交指为获得情感联结与情感体验，彼此有共同的兴趣、爱好而产生的社交行为。功利社交指为达到某一特定目的，如谋取合作或利益，而产生的社交行为。前者与世俗、利益无关，属于纯粹的情感联结，就像儿时的友情一样，不会看对方的身份。但随着年龄的增长，我们的需求逐渐发生变化，对共情社交的需求逐渐减少，而对功利社交的需求增加。这时，如果我们看不清关系的本质，就容易迷失在各种功利社交中，或是彻底排斥功利社交，或是对功利社交一边纠缠，一边厌弃。

有社会学家曾经推测，我们一生中能够与 60 个人产生有效交集，其中和我们关系最为亲密、会在我们遇到困难的时候伸出援助之手的人大概有十几个，包括父母、兄弟姐妹和挚友。现在回想一下，你花费时间流连在各种社交平台或场所的意义何在？真正值得你花时间和精力维护的人有多少？当你不够强大时，你的社交圈子里其实都是一些和你差不多的人。

古人云："临渊羡鱼，不如退而结网。"与其把时间浪费在和低层次的人交往上，不如拒绝无效社交，潜心修炼自己。当你足够强大时，你会发现身边的朋友的质量和数量自然就上来了，因为你有了可以和他人交换的价值。虽然很残酷，但这就是事实，除了至亲至爱，真的没有那么多人在乎我们，我们需要纯粹的情感联结，但也不能忽视客观事实。优质的圈子犹如明镜以照自身，但进入其中的前提是我们自己要变得足够优秀。

要想变优秀，第一步就是谨慎择友并严格控制信息的输入。第二步是展开有效的自我选择，强化对自己的目标和梦想有帮助的人际交往，避免接触那些对自己毫无帮助甚至可能使自己受到不良影响的信息。只有这样，我们才有可能将有限的注意力放在对自己有用的事情上，才有可能让我们的精力真正聚焦于有效的社交和信息上。彼时你会发现，优秀将不请自来。

尽量不要和头脑简单、想法单纯的人深交

　　一个人的性格往往具有两面性。一直以来，我们被教导要远离那些带有阴暗性格特质的人，因为他们总是以个人的利益为中心，极易对身边的人构成威胁。其实，除了性格阴暗的人，我们还要对那些极易受到蛊惑的人保持警惕。人们对思想比较单纯的人持有的评价一般都是正面的，甚至会主动接近这类人。这类人可能不会过度追逐个人利益，也没有害人之心，但也不值得深交，原因有以下几点。

认知能力不足

在心理学中，认知能力强调大脑对信息的加工、存储和提取能力，是智力的核心要素，具体表现为观察与捕捉细节的能力、整理信息与记忆的能力，以及大脑对图像和结构化信息的绘制能力。这些能力会影响一个人的问题解决能力和决策能力。一般来说，认知水平高的人的问题解决能力和决策能力会更加出色，对事物规律的把握和本质的洞察会更快速、全面和系统。对那些头脑简单、想法单纯的人来说，他们的认知能力较片面化，并且可能存在很大的局限性。随之而来的就是思维方面的局限性，所以他们很容易产生一些片面化的认知和绝对化的倾向。

片面化的认知和绝对化的倾向是思维和认知能力不足的表现。认知能力不足的人无法分清谎言和真相，并且他们往往以自己的主观感受与体验为中心，很难全面地考虑事情的因果关系及发展规律。当与这类人深交时，我们的判断能力可能会受到影响。

容易受群体效应的影响

群体效应属于社会心理学的一个专业术语，指人们碍于一些社会规范及群体成员之间的压力，不得不放弃自己的一些要求而遵守群体成员一致认可的准则。

由于无法把握事物的本质及无法认清形势，头脑简单、想法单纯的人在很多时候容易受到群体效应的影响，被集体意识所操纵。在群体效应和集体意识的影响下，他们很容易变成"墙头草"甚至帮凶。

此外，由于头脑简单、想法单纯的人无法辨别身边的哪些人真的对自己好，哪些人别有用心，因此很容易受到他人的蛊惑或被他人利用。在与这类人交往时，要有一定的心理准备，只有你足够强大，才能够保护对方，也才能够保护自己。

容易感情用事

理性的人一般以自己的思维为框架，再以辩证、质疑的眼光看待这个世界，而头脑简单、想法单纯的人往往凭借自己的情绪或情感来感知这个世界。也就是说，后者的一切判断都是主观的，这就导致他们容易感情用事，而感情用事的后果就是对事态的发展失去控制。

这类人没有害人之心，但是在很多时候他们会在无意之中伤害身边的人。因为很多时候他们分不清现状、认不清客观现实，所以很容易拖后腿。

曾经的朋友为什么会变成陌生人

　　德国哲学家格奥尔格·齐美尔认为，陌生人具有一种"奇怪的、既远又近的混合气质"。可是一旦曾经的朋友变成陌生人，我们就会产生一种奇怪的感觉，不知道对对方到底是熟悉还是陌生，然后感到恐慌和焦虑，仿佛被背叛了一般。

　　《后现代性及其缺憾》一书的作者鲍曼认为，陌生人具有无法被归类的性质，是不符合主体认知的。无法被归类是我们抵触"陌生人"的心理动机。

价值交换不对等

在生活中，朋友可能是我们的"拐棍"、感情的导师、梦想的路灯，我们相互需要、相互依赖。然而，友谊发展到一定阶段可能会面临降级甚至背叛。无论我们与对方曾经是多么要好的朋友，都有可能在未来的某一天成为陌生人，这绝非危言耸听。爱因斯坦曾经说过，最美好的东西莫过于有几个头脑和心地都很正直、严正的朋友。但最令人痛惜的也莫过于随着时间的推移，昔日那些与自己肝胆相照的朋友逐渐疏远，甚至最终反目成仇。

我们都希望友谊能够永存，但每个人所处的环境在不断变化，有时我们为了生存只能不断适应环境。而在此过程中，我们与朋友的想法、观点等可能会产生分歧。人总是会本能地对那些和自己相似的人产生同理心，而对那些和自己立场相反的人心生芥蒂。

从社会心理学角度看，我们在成年后能够和一个人成为好朋友的关键是支持彼此的社会认同，这和青少年时期的友谊有很大的不同。社会认同指个体认识到自己属于特定的社会群体，同时也认识到自己作为群体的一员带给自己的情感和价值。

南宋诗人刘过在一首词中写道："欲买桂花同载酒，终不似，少年游。"人要学会接受，我们无法把另一个人永远留在身边，有的人来到我们身边陪我们走完一程，珍惜这段旅程就好。

我们在前文中讲到，朋友关系的维持依靠价值交换，但我们又不能将其视为等价交换，因为交换的不仅是物质，还包括情绪体验、自我价值、社会立场等。

我们可以将每个人都视为拥有一定"自我价值"和"自我利益"的个体。扩大自我利益是人际交往的基本准则，扩大自我利益的方式则是向他人输出"自我价值"，在此过程中，友谊也就产生了。而一个人的自我价值不是永恒不变的，当其自我价值无法在人际交往中实现互利时，我们与他人的关系就会出现裂隙。因此，朋友关系的

变化和个体在不同阶段心理需求的变化密切相关。我们与一些朋友逐渐失去联系的原因就在于彼此之间能够交换的东西已经不对等了。

朋友和陌生人的界限

在人际交往过程中，如果我们没有正确认识自己和周围人的边界，就容易出现人际关系问题。每个人都希望自己作为独立的个体生活在这个社会上，有自己的位置，不希望他人闯进来。

边界是众多信息汇聚的地方，具有异质性，并且受到人们的关注，这就是我们通常所说的边界效应。人们容易对异质的东西产生兴趣，而对同质的东西感到厌倦。当人身处边界区域时，既能看清周围的一切，又可以较少暴露自己。因此在很多场合，人们总是会聚集在边界区域，如广场的边缘立柱下、电梯的四角。边界效应指出，在人际交往过程中，人们都有以下心理需求。

- 全局信息
- 个人空间

每个人都有与他人交往的心理需求。在交往前，我们会本能地通过观察来了解和掌握周围的环境，分析全局信息并寻找同类，然后决定是否与之交往。而在交往阶段我们往往又需要足够的个人空间，此时我们一般会选择相对安全（边缘或可进可退）的位置，一边暴露自己，一边隐藏自己。

正所谓"君子之交淡如水"，我们曾经是挚友，可以为了一个目标共同奋斗，等到目标实现的那天，也就是关系发生变化的时候，并没有谁背叛了谁，而是一种彼此的自我实现。

叔本华认为，人类行为的动机包括希望自己快乐、希望他人痛苦和希望他人快乐，这三种动机分别被概括为利己、恶毒和同情，其中利己和恶毒是非道德的推动力，只有同情是真正的道德行为。叔本华将从同情出发的伦理学

基本原则定为不伤害他人、尽量帮助每一个人，其对应的两大基本美德是公正和仁爱。不伤害他人的最佳方式就是不和他人产生联系。尽量帮助每一个人的意思就是大家的关系距离一致，不过于亲密或疏远。因此就有了人是孤独的这一说法。我们赤条条地来，到最后都会赤条条地去。

我们依旧会为了惺惺相惜而感动，依旧会在酒逢知己时热泪盈眶，但也应坦然面对任何人的离开。这个世界不断地从无序到有序，从一群陌生人到一群熟悉的陌生人，再从一群熟悉的人到一群陌生人。关系的转变并不会破坏群体秩序，朋友和陌生人的界限也没有那么清晰，有时候背叛并不意味着罪恶。

另一种社交方式——
精神层面的自我满足

在美剧《生活大爆炸》中，物理天才谢尔顿是一个不折不扣的"怪咖"，与社交相比，他更愿意做自己喜欢的事情。电影《雨人》主角的原型金·匹克性格高冷且孤僻，拥有超强的机械记忆能力，是一本活生生的"百科全书"，他不仅能完整背诵将近 9000 本书的内容，还有过目不忘的本领，可以说出自己去过的每一条高速公路的编号。然而，他还有一个特点，就是几乎没有社交能力和社交生活。

我们经常会有这样的感觉，高智商的人与普通人之间

有一定的距离，他们一般不喜欢与他人交往。一般人对他们的评价往往是性情古怪、不好相处、情商低。下面我们就探讨一下这类人，即高智商人群的社交。

降维交流

高智商的人不喜欢交朋友，这种说法不准确。人类既可以群居也可以独居，虽然我们可以独居，但很难做到完全独居。在生活中，我们接触的那些高智商的人，他们选择独处的原因大多是自己的各个方面和身边的人不在一个维度上。

德国哲学家尼采曾经说过，更高级的哲人独处并非他喜欢孤独，而是因为在他的周围没有同类。"夏虫不可语冰，井蛙不可语海"，对他们来说，和身边的人交流就是"降维交流"。所谓降维交流，指人与人之间的交流因为理解层次不同或身处环境不同所形成的一种交流障碍。

"降维"原是图像学术语。大众所熟知的"降维打击"出自科幻作家刘慈欣的小说《三体》，指从三维降至二维的打击。在现实生活中，人与人之间的沟通既受到自身心理发展状态的影响，又受到自身文化水平、思考深度等方面的影响。鉴于此，人与人之间的日常交流往往会出现很大的差异。

在生活中，我们能明显感觉到，高智商的人与普通人在交流时信息传递效果的不对等，在这种情况下，为了提升沟通效率，"高维度"的人会降低思考维度，以使"低维度"的人能够跟得上自己的思路或理解自己的观点。

人们更喜欢与自己相似的人交往

由于高智商的人属于少数群体，因此一般人与他们接触的机会很少。而社交规律也决定了人们一般喜欢与自己相似的人交往，但高智商人群属于少数群体，所以他们的社交圈子很小。由此可见，不是他们不喜欢社交，而是与

他们相似的人太少了。

这一社交规律在一定程度上限制了高智商群体的社交广度，因此他们被封闭在了一个狭窄的圈子里，这是导致他们的社交能力弱化的客观原因之一。

自我共鸣

人是社会性动物，随着年龄的增长和心智的成长，我们需要的不仅是他人的肯定，还渴望走向和融入社会，从群体中寻找自我和寻求肯定。当我们的价值观和社会主流价值观契合时，就会体验到奉献感和满足感。我们之所以喜欢和朋友在一起、积极参与社交活动，是因为在和他人建立良好联结的同时，我们也获得了精神上的满足。当然这种模式并不适用于所有人，比如高智商的人往往不需要通过社交来获得满足感，因为他们可以自我共鸣，他们获得肯定和动力的来源是自己的内心，他们更愿意潜心研究自己。自我价值的实现带给他们的愉悦感和满足感与普通

93

人在社交时获得的愉悦感和满足感等同。

美国社会学家布鲁默在象征互动论中强调了自我互动的重要性，他认为人都有自我互动的能力，与自己交流、对自己的行为做出解释可以提高自我认知。

高智商的人显然拥有更强的自我互动能力，他们喜欢独处，喜欢沉浸在与自我的对话中，这种状态有利于他们思考和探索，喧闹的环境反而会让他们无所适从，干扰他们的思考和行为。他们能够在自我沉思和安静中获得能量，而独处正是他们确保自己不被外界信息干扰的重要方式。

精神层面的自我满足

法国社会心理学家勒庞在《乌合之众》一书中指出，当人处于群体中时，会不受控制地寻求群体精神统一。这时，个人意志和创造意识会破坏群体统一的标准。例如，

当你和大家的观点、看法不一致时，你可能会被其他人打压和排挤。对那些高智商的人来说，他们特有的思想和创造力极易被群体压抑，结果就是他们会感到很痛苦，想要脱离集体。

群体心理学认为，在一个稳定的群体中，个人的情绪冲动依靠一些集体的方式才能得到释放。此时，个体的独立性和创造性就会被压抑。通俗来讲就是，群体容易压抑个体。而高智商人群之所以给人一种"鹤立鸡群"的感觉，是因为他们远离群体。

高智商人群的思维方式决定了他们独特的社交方式——精神层面的自我满足。他们孤独，但他们的眼里有光，孤独对他们来说不是一种痛苦，而是一种享受。

优秀的人为什么不发朋友圈

　　每个人的微信朋友圈里都有这样一类人，他们存在于我们的微信通讯录里，但几乎没有在朋友圈发布过任何动态，也几乎从不给他人在朋友圈发布的内容点赞或发表评论。很多人觉得这类人的生活肯定很无趣，并且他们不擅长社交。但事实上，很多优秀的人不喜欢发朋友圈。

　　有一年同学聚会，我见到了一位许久未见的大学同学。上学时，她住在我们隔壁的宿舍，是班里的"学霸"，大学毕业后被保研。自从大学毕业后，大家的联系就少了，我虽然有她的微信，但却从没见她在朋友圈发布过任何动态。在这次聚会上看到她也来了，我非常高兴，于是

就和她聊了起来。原来，上研究生后，她就沉浸在学术研究中，没有课的日子经常去图书馆里看文献，同时也帮导师做一些项目。研究生毕业后，她又申请去英国牛津大学读博士。回国后，她在一所高校任职，现在是学校里最年轻的教授。

见到她我不由地感叹道，她还和从前一样优秀。在我认识的朋友中，还有几个人也出国留学，但他们经常在朋友圈分享自己的动态，有的人喜欢"晒"自己去世界各地旅行的照片，有的人喜欢"晒"自己的学习日常。可是，我的这位大学同学从来不在朋友圈发布任何内容。问及此事，她只是淡淡地回答说："我生命中那些真正重要的事并不在网络世界中。"她的回答很诚恳，因为很多人都忘了网络世界与现实世界截然不同。

优秀的人把时间花在重要的事情上

优秀的人把时间花在重要的事情上，他们根本没有时间发朋友圈。因为发朋友圈一般需要花费一些时间，有些人为了让他人眼中的自己看起来更完美而不停地修图，有些人为了吸引他人的注意力绞尽脑汁地编辑文字，发完朋友圈还惦记有没有人点赞、评论等。做这些事不仅耗费时间，还耗费精力。如果我们每天把大部分时间和精力花在发朋友圈上，那还有时间和精力去做那些重要的事情吗？

优秀的人更关注自己

优秀的人往往更关注自己，他们喜欢向内探索自己的内心世界，通常也比较自信，对自我的认知比较客观。

很多人把发朋友圈当作记录生活的一种方式，但事实是一些人发朋友圈的一个很重要的原因是为了获得他人的关注。从心理学的角度来说，这类人通常有些自卑，而且十分在意他人对自己的评价。他们在朋友圈发布经过精心编排的内容，看上去是在炫耀自己的生活多么美好和幸福，实则是为了掩饰自己的自卑。这类人往往很迷茫，他

们不知道自己真正想要的是什么，而炫耀的背后通常都隐藏着迷茫和自卑。

而真正优秀的人对这个世界有着自己的看法，他们的内心充实而富足，不需要通过社交媒体获得他人的关注和点赞，并且不会受他人评价的影响，他们有清晰、明确的目标，并且愿意为此付出努力。

那么，如何成为一个内心真正充实而富足的人呢？心理学家曾经对快乐进行过分级。他们认为，人类最低等级的快乐是来自身体的最原始的快乐，如一顿美食；第二等级的快乐是在某种特定的行为中会体会到的快乐，如旅行；最高等级的快乐则不需要借助外物，是一种源自内心的快乐。

摆脱身外之物的束缚

要想成为一个内心真正充实而富足的人，首先我们要学会摆脱身外之物对我们的束缚。在当前这个压力倍增的时代，人们往往倾向于追求最低等级的快乐，因为这种快乐很容易获得，如一杯奶茶、一顿美食。但是这种快乐只是一时的。等短暂的快乐过后，人们还是无法摆脱内心的焦虑、空虚。最高等级的快乐需要我们付出时间、精力和专注力，但所需的经济成本往往不高。例如，现在人们外出吃一顿饭花两三百元是常事，可花几十元买一本书却舍不得，甚至一架钢琴还不如一个包贵。

学会专注于自己的内心

我们要学会专注于自己的内心。很多人总忍不住和周围的人比较，怕自己不如他人、落后于他人。事实上，每个人的人生是一条单人赛道，你的竞争对手永远只有你自己。

因此，我们要学会向内寻求真正的快乐，摆脱身外之物对自己的束缚，不要过于在乎他人的评价，明确自己的目标，剩下的就只管努力前行。

　　朋友圈也是一个圈，人们看似可以在这个圈中获得一些满足，但实际上却容易被它束缚。人的时间和精力有限，我们一定要把它们放在重要的事情上，更关注自己的内心，这样才会成为一个内心真正充实而富足的人。

第三篇

朋友圈越小，生活越好

不喜欢发朋友圈的人是什么心理

你的微信朋友圈可见范围是怎样的？是任何人可见，还是部分人可见？

有很多人把朋友圈设置成三天可见。为什么把朋友圈设置成三天可见呢？有人认为，在现代这个社会，我们随时都面临信息被泄露的风险，所以，把朋友圈设置成三天可见是一种自我保护的方式。

还有人认为，真正的朋友其实不用看我们的朋友圈就可以了解我们的动态，因为在现实生活中经常来往，而那些不怎么来往却又想通过朋友圈了解我们动态的人，我们就没必要对他们完全开放朋友圈。

一些内心敏感的人则认为，朋友圈中的熟人对自己的评价会对自己产生影响，他们想通过朋友圈来记录自己的日常，但又在意他人对自己的评价，这时把朋友圈设置成三天可见是一个不错的选择。

此外，还有一些人不喜欢发朋友圈或干脆不发朋友圈，这是为什么呢？

害怕受到差异化评价的伤害

在现实生活中，很多人已经习惯了在社交中戴着面具与他人交往。很多时候，我们在朋友圈里发布的内容与日常生活、工作中的自己并不吻合。那些对我们比较熟悉的人看到我们在朋友圈发布的内容后就会对我们进行评价或留言，很多人十分在意他人的评价，但又想通过朋友圈来打造人设或进行印象管理，所以设置三天可见便成了最好的选择。

现实感强烈

在网络社交平台上，个人信息的呈现像自我描述，我们在一个崭新的世界里向他人描述自己的兴趣爱好、生活片段。对那些现实感强烈的人来说，他们在现实生活中已经获取了足够多的信息和知识，也在人际交往中完全展示了自己，也就不需要在朋友圈中对自己进行二次描述。这些人更注重现实生活，拥有极强的执行力，因此无暇管理社交账号附带的其他功能。

不希望卷入无效社交中

德国著名哲学家尤尔根·哈贝马斯对个体的社会交往曾做过深入的研究。他认为个体间的沟通基于实在的意义。如果双方或多方想要交流，就必须理解对方的言语或行为的含义，而这种无数个体间交织的沟通网络则让整个社会出现了一种公共空间。从某种程度上说，微信朋友圈就是一种公共空间，当你发布了一条朋友圈，包括你自己在内的这个公共空间中的个体都会将这条消息视作"真实""有意义""有社会交往价值"的。但据此产生的社交活动大多是无效社交。

什么是无效社交？无效社交是指那些无法在精神层面给人带来享受和愉悦感的社交活动。例如，在一次聚会上，你和一群素不相识的人谈笑风生、相互打趣，最后你们互相留了联系方式，可一段时间后你就不记得这些人了。这就是典型的无效社交。虽然在交流过程中被他人关注，但它给我们带来的满足感是短暂的，我们无法在这种社交中获得任何价值。同样一段社交经历，不同的人能够从中获取不同的社交价值。无效社交不符合"利益之交"的标准，虽然大家彼此聊得很开心，可并没有进行资源交换，所以这种社交是无效的。

社交平台增多和社交平台快速发展的结果是各种社交信息愈发刻意化和脸谱化，大家在社交平台上分享的内容距离真实的自我越来越遥远，那些不愿意发朋友圈的人或

许早已看透了其中的本质，在他们心中，远离朋友圈可以使自己不被外界的看法和评论扰乱心绪，使工作更高效，生活更有意义。

享受独处的世界

有些人不喜欢与外界联系过于紧密。**在现实生活中，越来越多的人更愿意待在属于自己的空间里，享受自己的精神世界。**在他们眼中，每个人都有自己独特的人生轨迹，分享是可有可无的，自己的生活已经足够精彩，为什么要去看那些充斥着攀比、浮夸和伪装的信息呢？

还有一种可能就是，有些人认为朋友圈已经成为社交的"战场"，不能随意发布关于自己的信息，因为我们的个人信息有可能会被领导看见、被同事揣摩、被竞争对手利用。

除此之外，不愿意发朋友圈的人也许还有另一种心理，他们并不认为大家在朋友圈里发布的内容是无价值的，而是不愿将自己的真实情况展现出来。有些人也许生活很好，但是不想招致身边人的嫉妒，也不想让人觉得自己在炫耀，于是活得很低调；还有一些人生活不如意，但是他们不想让人因此看扁自己，所以有意隐藏自己的生活日常。

从心理学的角度看，不发朋友圈的人往往有以下两个优势。

1. 自我价值感高，不依赖外界的评价

很多人不知道什么是自我价值感，或者他们的自我价值建立在外在的标准之上，如拥有财富、结婚生子，他们认为只有活出他人都追捧的样子，得到大部分人的认可才能体现出自我的价值；反之，他们则会觉得自己过得不如意、不幸福。

自我价值感是指个体看重自己，觉得自己的才能和人格受到社会重视时产生的一种积极的情

感体验。有的人喜欢在朋友圈里"晒"自己的包、衣服、鞋子，有的人"晒"自己在世界各地旅游的风景美照，还有的人热衷于"秀"恩爱……他们都在想方设法地给自己打造一个成功、优越的社交形象，然而这些虚假的社交形象让我们很难了解自我与他人。

真正自信的人不会刻意在朋友圈炫耀自己的生活，因为他们对自我的认识不依赖外界的评价，而是习惯从内心获取力量，这样的人往往心态很好，也更容易取得更高的社会成就。

2. 自我分化程度高，能划清自己和外界的边界

系统家庭理论创始人莫瑞·鲍文认为，自我分化程度可以用来判断一个人是否拥有清晰的自我，以及是否在意外界的看法。这决定了一个人能否坚持自我。自我分化包括两个过程：一是把自我从他人那里分化出来，二是分辨理智过程和

感受过程。

一般来说，那些很少或从来不发朋友圈的人的自我分化程度较高，他们在处理人际关系时有自己独特的方式，在坚持自我的同时也能处理好与周围人的关系。

从心理学的角度看，自我分化程度越高意味着在人际交往方面越成熟。因为它让我们同时拥有自我的独立性和与他人交往的亲密性，这类人在任何关系中都能游刃有余地把控好自己的边界和空间。他们不会因为外界的看法而失去自我，但这种坚持经常导致他们遭受来自外界的各种压力，毕竟坚持自我有时难免会显得"不合群"。但是，每个人只有先拥有自我，才能以一个更完整的身份融入群体。

拒绝社交

还有一些人把微信设置成不让陌生人加自己为好友。这一行为的潜台词是"我拒绝一切不熟悉的人和事"。

美国著名作家斯科特·派克在《少有人走的路》一书中写道："大部分人存在以下两种心理缺陷中的一种，神经质或性格障碍。"拒绝社交实质上就是神经质的表现。有些人因为过于敏感，对他人的一言一行反应过度，最后索性将所有的社交活动都推开，以保证自己可以留在安全地带。尤其是"远离无效社交"理论出现后，这类人会更坚定地拒绝与陌生人建立新关系。其实，他们并没有真正理解"无效社交"这一概念，拒绝无效社交并不是不再社交。当我们切断了自己同外界的联系，就意味着从一个极端走向了另一个极端。

不可否认，目前的网络社交掺杂着很多商业行为或活动，其中一些低质量的社交消耗了我们的时间和精力。面对这种情况，我们不应该彻底拒绝社交，而应有选择地进行社交，筛选真正能够滋养自己的人。

心理学博士布莱恩·拉图曾经说过：每个人都有三个自我：一个是父母的基因决定的自我；一个是受外界影响的自我，还有一个则是通过不断地了解自己逐渐完善的自我。在这三个自我里，第三个自我对个体来说最重要、影响最大，同时也最有可能被塑造，塑造的方法之一就是与他人建立关系。

很多人误以为社交和智商一样，是由基因决定的。其实社交是一种能力，是可以通过后天的学习和训练得到改善的。

我们可以在高质量社交关系中发现自己、疗愈自己、完善自己。心理学家菲利普·津巴多曾说过："历史上从来没有哪一刻像当下这样，对人们的社交技能有着如此高的要求。"这句话提醒我们不能完全回避或脱离人际关系，因为逃避没有任何意义，我们需要坦诚地面对自己在社交技能方面的不足，然后不断地提升它。

114

我们身处在一个瞬息万变的时代，一方面，社交能够让我们接触各种各样的人，保持新信息的输入与更迭。另一方面，一个人看世界的角度必然有盲区，而社交可以使我们发展新的关系，丰富我们看待问题的角度。

如何通过朋友圈看懂一个人

在社交信息愈发刻意化和脸谱化的今天，微信朋友圈已不再是人们分享一天心情与生活的社交平台，而是一个展现自我的社交媒体，被赋予了"个人名片"的意义，我们可以通过一个人发布的朋友圈信息大致推测其兴趣爱好、身份地位、经济实力、感情状况甚至性格。

美国柏克莱大学心理学博士山姆·高斯林在《看人的艺术》一书中提到，若想对一个人进行观察，网络空间所能获得的信息量远超过物理空间。这里的网络空间信息包括网络昵称、个性签名、头像、在社交媒体上发布的信息等，一个人的日常生活和思想状态，均会暴露在这些信息

中。通过对这些信息进行整理，我们就可以对一个人的性格、职业、身份、爱好，甚至人格做出大致的判断。下面我们将大多数人发的朋友圈内容进行了归类并进行了解析，以帮助读者了解其背后可能隐藏的信息。

发布一些精修的自拍照 —— 过度自我欣赏

《自恋时代》一书的作者简·M.腾格认为，在社交平台上分享通过软件精修或美颜后的自拍照属于过度自我欣赏，也就是自恋。这类人的显著特征是崇尚虚荣、物质至上，他们希望通过购买奢侈品来体现自己的身份和地位，如珠宝首饰、别墅豪宅、跑车等。实际上，他们可能并非真的需要这些东西，只是为了满足自己的虚荣心、维持虚假的人设，为了不让自己在各种攀比中落入下风，他们不惜借钱或贷款。可是，这种获得"胜利"的快乐是暂时的。

美国科学家曾经为了探究自恋对公司绩效的影响，对美国各大公司约 100 名 CEO 展开调查研究。最终的结果表明，越自恋的 CEO 在做决策时越容易出错，公司业绩波动也会越大。

自恋的人的社交关系十分脆弱，因为在与他人建立关系前，他们需要得到对方的赞美和尊重，甚至崇拜。若身边的人表达与他们不一致的意见和言论，就会遭到他们的猛烈攻击，如否定、谩骂、暴力，他们无法接受他人的质疑，这是占有欲和自负心理在作祟。不过，《自恋时代》一书的作者是美国人，因此其观点也深受美国文化的影响。

发布合照 —— 反映一个人的同理心

通过他人在朋友圈里发布的合照，我们可以推测其同理心是强还是弱。例如，发布合照时是否征得照片中出现的其他人的同意，在选择照片时是否考虑他人的社交形象，如何回应他人的评论，等等。

同理心强的人能够设身处地为他人着想，能及时觉察

他人的情绪并妥善处理人际矛盾。在人格五因素模型中，与同理心对应的是宜人性，而与宜人性水平高的人相处会让人感觉很舒适。

分享与学习相关的内容 —— 对知识存在焦虑

原《21世纪商业评论》主编吴伯凡曾提出"伪学习"的概念，即通过输入大量的知识缓解认知焦虑和获得暂时的满足感。我们在朋友圈中偶尔分享自己学习的过程或成果，通过他人的点赞和评论来满足自己的一点点虚荣心很正常。可是，如果一个人经常在朋友圈里分享自己在学习，那么他很有可能只是因为焦虑才学习。

当我们在线下或线上看到自己很感兴趣的课程或内容时，由于想要掌握它，于是购买并开始学习，最后再发到朋友圈里。这时，我们会体验到一种成就感。为什么会体验到成就感？因为我们对知识存在焦虑。在面对新的信息和知识时，我们会因为在这方面有缺失而感到焦虑和恐惧，而这种分享行为恰恰能够缓解焦虑和恐惧情绪。准确地说，这并不能算一次真正的学习体验，因为你并不是因为感受到危机和挫败才学习。而你可能误以为这是一次学习，并且觉得自己学习了很多知识。事实上，你的大脑对这些知识没有留下深刻的印象，甚至之后会忘记是什么时候学的这些知识。

发朋友圈时精挑细选 —— 害怕失败与错误

有一类人平时很少发朋友圈，但只要准备在朋友圈发布内容，都会仔细检查是否有错误或遗漏、措辞是否得当、能否体现自己的品位，然后删删改改，无形中给自己很大的压力。

在社会心理学中有一个概念叫作"焦点效应"，它是指个体总是会高估他人对自己的外表和行为的关注度。在发朋友圈时总是对内容精挑细选，其实是害怕失败与错误的表现。这类人往往比较谨慎，同时有追求完美的倾向。

美国著名心理学家大卫·伯恩斯对完美主义者的定义是那些有着无法完成的、非理性的目标的群体。所谓非理性的目标，指那些不符合自己能力的目标，但是完美主义者往往强迫自己完成这些目标，并希望通过这种方式体现自己的价值。

完美主义者通常活得很累，因为他们执念太深，总是纠结于未完成的事务，因此很难感到快乐和幸福。哈佛大学心理学家泰勒·本-沙哈尔在《幸福超越完美》一书中深度剖析了完美主义者：对失败的恐惧是完美主义最核心的问题。完美主义者在遇到一件事时，首先考虑的是如何规避失败和错误。面对失败，他们认为自己之前的努力是徒劳的，于是开始害怕失败、逃避挑战，远离一切可能导致失败的事物。这样做会导致他们陷入一个怪圈：害怕失败—逃避—更容易失败。对他们而言，即便是发朋友圈分享自己的生活状态这类琐事，也希望自己做到尽善尽美。他们不仅对自己要求高，也会以同样的标准衡量他人。

发布的内容充斥着负能量 —— 寻找情绪的垃圾桶

很多人经常在微信朋友圈里发一些充满负能量的信息，这和网络社交的匿名性有关。微信是一个网络社交平台，而网络具有匿名性、非现实性等特点。

通过朋友圈表达自己内心的情感，往往比在现实中直接的言语交流更容易。在朋友圈里，我们不用顾及他人怎么想，也不用考虑场合是否合适。有些人在现实生活中不愿意将自己脆弱的一面展现出来，不愿意向身边的人倾诉自己的心声，于是朋友圈成了他们记录自己心情的方式。

在朋友圈中发布的图片、文字等是一个人当下心境的体现，如果一个人在一段时间内经常在朋友圈里发一些充满负能量的内容，说明他可能陷入了人生的低谷期，并且这种情绪不佳的状态会持续一段时间。当一个人处于消极状态时，他所看到的一切可能都是消极的。

发布的内容充斥着炫耀意味 —— 表演型人格

对那些喜欢在朋友圈里炫耀的人来说，他们迫切渴望把自己所有的成就都展示给大家，并且害怕他人看不起自己，沉浸于被他人赞美的感觉中。他们经常会通过发朋友圈来展示自己的成就或精致生活。对一般人来说，偶尔向他人炫耀一下自己是可以理解的，但刻意、经常的展示可能是为了达到某种目的。

面对你的炫耀，与你关系亲近的人会发自内心地为你高兴，而与你关系一般的人表面上会祝福你，背地里可能会诋毁、挖苦你。

戈夫曼的"戏剧理论"中有一个前台和后台的观点。前台和后台是为了表演而准备的两个平台，前台是让观众看到并从中产生特定感受的场合，后台则是为前台做准备及掩饰不能在前台展示的东西的场合。

微信朋友圈是一个大型的虚拟自我表演平台，会出现

"后台行为前台化"的情况，也就是在朋友圈里会看到大量的生活场景、鸡毛蒜皮的小事及各种炫耀行为。在这类人的眼中，朋友圈就是一个炫耀的场所。而这种行为是过度的自我表演，表现为个人社交界限模糊，容易演变成表演型人格，同时，过度的炫耀行为会使人过度比较，引发他人的厌恶感。

"挂人"行为 —— 界限不清晰

所谓"挂人"，就是在某个社交平台上将他人的相关身份信息发布出来，这体现了一个人界限感模糊，无法把工作和生活、自己与他人分离开来。

微信朋友圈是一个公共的社交场合，作为个人，要注重印象管理。朋友圈作为圈外自我和圈外社交关系的延伸，如果一个人对自我和他人认知不够，很容易出现界限不清晰的问题，既导致对自己产生怀疑，又破坏自己在他人心目中的形象。

发布个人见解 —— 现实中缺少朋友

还有一些人喜欢在朋友圈中发布自己对热点社会事件、新闻事件的见解。这类人在现实中往往缺少朋友，没有可以倾诉的对象。

然而，他们心中有太多的不快和对这个世界的看法，这使得他们只能通过发朋友圈来表达自己的感想。不过，过多地表达个人见解只会让他人感到被"侵犯"，就像一位严厉的老师站在你面前，要求你必须听话一样。

圣母型人格是人生悲剧的开始

英国心理治疗师雅基·马森在《可爱的诅咒：圣母型人格心理自助手册》一书中有这样一段经典的描述：

生活中总有这样一群"可爱"的人，他们有求必应，几乎将自己的全部精力放在了家人、朋友身上，拒绝他人的请求会让他们异常内疚，他们宁可委屈自己，也要成全所有人，仿佛受到了"可爱的诅咒"一般。

圣母型人格者的特点

在心理学中，我们把这种宁肯自己受委屈也要善待他人的人称为"圣母型人格者"。圣母型人格者的特点如下。

1. 内心敏感多疑

他们总是会优先考虑他人的感受，会通过观察周围的环境来判断事情的发展走向，进而采取行动。他们会对他人的一举一动产生过激的反应。正如俄国作家契诃夫在《装在套子里的人》一书中塑造的别里科夫的形象一样，敏感多疑、胆小怕事是他们的显著特征。

2. 犹豫不决

圣母型人格者在做决定时既要考虑对方的需要，又要兼顾自己内心的感受，并且害怕对方对自己不满意，因此总是优柔寡断、犹豫不决。独立做出选择对他们而言尤为困难。在群体中，他们往往扮演附和者的角色。

3. 很少拒绝他人

圣母型人格者很少拒绝他人，总是以他人为中心，哪怕自己心中万般不愿意，也会硬着头皮满足他人的需求。一旦拒绝他人，他们的内心会体会到强烈的内疚感和负罪感。在他们看来，只有无原则地迎合他人，才能获得他人的好感与认同。

从表面上看，这些无条件的迎合、顺从行为能够帮助他们维持与周围人的关系，但他们忽略了人际交往中很重要的一点 —— 自我暴露。缺乏自我暴露，长期压抑自己的情绪、想法与需求不利于人际关系的建立与进一步的发展，并且还会对自己造成伤害。

4. 过度在意他人的感受

圣母型人格者宁肯自己受煎熬，也不愿意他人受委屈，总是把"行善"作为唯一的行为准则，由于过度在意他人的感受，导致他们总是活在他人的世界里，很少关注

自己的需求，一旦理想和现实出现差距，他们就会选择委屈自己。所以，他们大多无暇顾及那些对自己真正有意义的人和事，活得很痛苦。

5. 令人难以捉摸

一般来说，圣母型人格者很难信任他人。他们会选择隐藏真实的自我，在与他人交往时停留于形式，导致身边的人无法走进他们的内心，更无法了解他们的真实感受与想法。

圣母型人格者的缺点显而易见。他们是一群讨好者，深受无法拒绝、习惯性取悦他人的困扰，总是把他人的需求放在第一位。他们似乎始终在争取获得周围人的认可和喜爱，努力让除自己以外的每个人都高兴。这种错误的认知让他们缺乏个人边界，觉得自己需要对他人的情绪和行为负责，这种心理会严重影响他们的日常生活和工作。

圣母型人格者的内心往往很脆弱，他们经常会为了获得他人的认可而放弃自己的个人爱好，这种自我牺牲、自我逃避式的社交方式会使自己遭受情感层面的伤害。

当然，圣母型人格并非一无是处，它同样具有一定的社会适应性。比如，圣母型人格者可以平衡团体中不同成员之间的性格差异，让团体的氛围保持融洽，实现互利共赢。

圣母型人格与内向

在美国心理学家科斯塔和麦克雷编制的大五人格量表中，他们将那些不愿意表达自己真实想法、真实需求的人定义为高掩饰性人格。这类人往往轻易不相信他人，很难在人际关系中取得进一步的发展。

很多人认为，不愿意麻烦他人是内敛、内向的表现，其实不然，圣母型人格不等同于内向性

格，两者的定义和组成部分不同。"人格"是一个人内部和外部属性的总和，性格则是对一个人行为习惯、外在表现的总结性描述，是人格的部分表现。我们可以将内向性格简单地理解为圣母型人格下面的子概念。

过于关注外部评价

美国客体关系流派先驱唐纳德·温尼科特曾经说过，每个人对自我的评价来自两个方面，即内部评价和外部评价。那些自我认知程度较高的人，往往会给予自己较高的内部评价，以此获得自我满足，当外部评价低于其内部评价时，他们也不会受到太大的影响。

对圣母型人格者来说，他们对自我的评价更多来自外部，并常会忽略内部评价。他们经常被他人的期待所淹没，以至于不知道如何让自己快乐起来。在他们眼中，拒绝他人等于拒绝和否定自己。从心理学的角度看，这种评价机制的形成可能源自个体童年时期的特殊经历，如受到心理创伤、与养育者之间的不良互动等。

从精神分析的角度看，不愿意麻烦他人本质上是一种防御型心智模式，是在有意避免社交，害怕被拒绝。被拒绝意味着会出现一些负性情绪体验，如遗憾、不满、尴尬、羞耻、愤怒。

奖惩敏感性人格理论认为，人们或者喜好奖励对惩罚无感，或者厌恶惩罚对奖励无感，或者喜好奖励也厌恶惩罚。被拒绝后的负性情绪就是一种惩罚，个体为了回避这种惩罚，就回避会引发惩罚的刺激条件，即尽力避免"请求他人并遭到拒绝"这种事情发生，而"麻烦他人"也就成了一种会引起不适的行为。这种不想麻烦他人和换位思考角度下不愿给他人添麻烦不同，因为前者会导致个体在面临平常和普通的要求时也变得难以启齿。

讨好的同时也在勒索

很多人认为，不好意思拒绝他人的人都是温顺、善良的讨好者，他们看起来好像无欲无求，一心只想帮助他人。其实不然，他们讨好的同时也在"勒索"。他们对自己的付出一直牢记于心，某一天可能会要求对方还回来。

美国心理学家苏珊·福沃德最早提出了情感勒索的概念，这是一种强有力的情感控制方式。在生活中，那些圣母心泛滥的人很擅于采用情感勒索的方式对待他人。他们看起来很善良、和蔼，总是为他人着想，这让他们拥有很多朋友，当朋友遇到困难时，他们不仅会提供帮助，而且还会做得面面俱到。日后，当他们想要"勒索"对方时，便会不动声色地提起自己曾经对对方是多么好，当听到这些，一般人很难拒绝他们的要求。

没有朋友不行，朋友多了也不行

人是社会性动物

社交能力一方面是在各种人际关系中周旋的柔韧度，另一方面则是处理和应对那些和自己有关的各种情感（包括爱情、友情和亲情）问题的能力。对于友情，有的人觉得它可有可无，有的人觉得它是生活的必需品。我认为，友情是一个人一生不可或缺的一种情感体验，因为人是社会性动物，没有社会关系和朋友关系一个人的生活就会失衡。

1920 年，位于印度的一个小城市附近的森林里出现

了一种"神秘生物"。目击者表示，这种神秘生物成群结队，其中有两个用四肢走路，但形态很像人类。后来人们发现，这其实是一个狼群，而狼群之中居然有两个人类女孩（一个约 7 岁，另一个约 2 岁）。她们长期赤身裸体，跟随狼群捕猎，并且完全适应了狼群的生活。后来，她们被带回人类社会，令人没有想到的是，两个狼孩在两年时间内相继死去。对此，很多人类学家的推测是狼孩在心理层面早已无法适应人类社会。由于环境因素的影响，她们只能与狼群共同生存，也就无法习得人类的语言，思维认知也无法得到发展，即使她们在生理上与同龄的孩子差不多，但在心理层面无法与同龄的孩子相比。她们回到人类社会后，由于没有人际关系、没有丰富的情感需求，最基本的生存欲求就垮塌了。

人类之所以被称为高级动物，正是因为我们具备社会属性，我们与社会的紧密联系维持着我们的生存欲望。

社会关系是社会学科的研究课题之一。人们在过去对社会关系、社会结构的关注，尤其是关于精确化和可操作化层面的研究，使各种各样的社会关系概念受到重视。美国斯坦福大学教授马克·格兰诺维特提出，人与人之间的经济活动和行为是嵌入社会关系、社会结构之中的。其实，马克的嵌入性理论从侧面印证了社会关系对个人的重要性。

费孝通先生在《乡土中国》一书中多次强调"差序格局"的概念。他认为社会团体一定有其界限，并且这种性质的社会关系更应考虑"团体格局"，这其实强调的是筛选朋友的过程。**社会的发展越来越快，现在没有人仅靠自己就能生存或取得成功。**这是一个互利共赢的时代，我们需要认识更多的朋友，无论对方的身份是什么，"朋友"两个字总是可以笼统地概括我们与他人之间的关系，而如何与人为友，体现的正是我们的社交能力。

心理学发展伊始，探讨的就是人的原始本性和社会性问题。什么是社会性？通俗来讲，社会性就是人融入社会的黏合度。从广义上说，社会性就是个人与他人交往的过程，而"交朋友"就是个体社会性的微小缩影。

对每个人来说，朋友的意义各不相同。有的人认为朋友意味着陪伴，有的人则认为朋友意味着分享。而在我看来，真正的朋友会主动与对方保持一定的距离。所谓君子之交淡如水，说的就是这个道理。在你受到伤害时，朋友会主动帮你处理伤口；在你蒸蒸日上时，朋友会默默守候，希望你过得更好。

从精神分析的角度看，朋友身上大多都拥有我们的理想化自我投射，因此，朋友让我们感到熟悉又温暖。**与朋友交流，其实就像与自己的另一面交流。**

朋友越多就越幸福吗

我们经常会有这种感觉，自己的朋友圈子变大了，但真正交心的朋友却少了。每当遇到困难、心情郁闷，想要找人倾诉时，我们会发现翻遍整个通信录竟找不到一个可以互诉衷肠的人。

也许在平日里，我们在社交平台上发了一条无关紧要的动态就会引来很多"好朋友"的点赞和评论，我们在这些点赞和评论中获得了肯定和满足感，以及一种自己朋友众多的错觉。但是，当我们真正遇到困难时，大部分朋友都不见了。所以，朋友数量的多寡真的不重要。在人生的某些阶段我们会发现，朋友越少反而过得越好。

只有牛羊才喜欢成群结队，而猛兽总是独行。我们一生的交友过程其实就是从"牛羊"变成"猛兽"的过程。年轻的时候总以为朋友越多越好，并以此为傲。朋友数量确实能在一定程度上反映我们对他人的吸引力，但是朋友越多就越幸福吗？

关于亲密朋友数量和幸福感的关系，有研究显示：朋友多能显著提高中年个体的幸福感。在与他人交往的过程中，一些人出于展现自己的积极品质，会在无意识中向对方传递自己朋友多的信号；而这一信号只能形成浅表的吸引力，并且会阻碍与他人建立更长期和更亲密的关系。

高质量社交

高质量社交根本不需要我们结交很多朋友。什么是高质量社交？高质量社交就是彼此之间有高质量的精神交流，各自积极向上并能给对方带来积极的影响。

大五人格理论将人格分为以下五种。

开放性：具有想象、审美、情感丰富、创造等特质。

责任心：显示胜任、公正、尽职、克制等特质。

外倾性：表现出热情、社交、乐观等特质。

宜人性：具有信任、利他、直率、谦虚、移情等特质。

神经质性：难以平衡焦虑、敌对、压抑、冲动等情绪特质，即不具有保持情绪稳定的能力。

拥有上述五种人格中正面特质的人都可以算作优质的朋友，他们不一定是各行各界的成功人士，但是他们的基本态度、情绪稳定性、人品等普遍达到平均以上水平。当我们与这类人相处时会由内而外地感到舒适，并且能感受到对方积极向上的能量。

高质量社交除了和外界有关系，还和个体自身有很大的关系，如是否真诚、友善等。由此可见，要想拥有高质量社交，内外条件缺一不可。

有人说，判断一个人是好是坏，只需看他周围的朋友就知道了。这有一定的心理学依据，人们在结交朋友的时候会下意识地选择那些和自己"三观"接近的人。例如，那些整天浑浑噩噩、追求物质享受的人很少和那些务实、朴素的人交往，那些追求现实、上进的人也很少和安于现状的人来往。

在日常生活中，遇到一个与自己"三观"一致、相互理解、相互帮助、彼此欣赏的朋友并非易事。尤其到了一定的年龄后，大家有了自己的家庭和事业，要照顾父母和孩子，自然而然地就会疏远那些不常联系的朋友。

不要轻易帮助落难的朋友

在人生的旅途中，我们难免会遭遇挫折。在朋友遭遇困境时，我们可能会本着善意伸出援手。然而，常言道："好心没好报""好心当成驴肝肺""狗咬吕洞宾，不识好人心"。有时，在我们帮助他人后，不仅得不到对方的感激，反而可能会遭受对方的指责或埋怨。从心理学的角度看，这一现象背后的原因是什么呢？

情绪传染

　　情绪传染指人们在与他人交往的过程中，接触对方的某种情绪并被感染，从而出现与之相似的情绪反应。情绪传染是人类在日常交往和互动中普遍存在的现象，它可以是积极的，也可以是消极的。简单来说，当一个人感到高兴时会向周围人传递出积极的情绪，进而让周围人感受到这种愉快和放松；当一个人沮丧不安时，他所传递的负面情绪就会让周围人感觉不舒服。

　　美国心理学家伊莱恩·哈特菲尔德的研究为人们理解情绪传染提供了基础。他认为，情绪传染涉及把握并体验他人的情绪，包括对他人情绪的感知、评估等。

　　在现实生活中，看到朋友处于困境，我们的内心会产生同情和关心，进而想为对方做些什么。但是，这种援助可能并不能满足对方的需求。在这种情况下，尽管我们提供了帮助，但对方可能会不仅不感激我们，反而因为我们无法完全帮助他们摆脱困境而对我们感到失望和产生不满

情绪，如此一来，我们的情绪也会受到影响，进而变的沮丧、挫败。

此外，落难的朋友可能会向我们倾诉他们内心的苦闷，长此以往，他们的负面情绪将直接影响到我们的情绪状态。

得寸进尺

俗话说："帮急不帮穷，帮困不帮懒。"这句话提醒我们，在帮助他人时务必慎重。助人为乐本是一种美德，它源于我们对他人困境的关心与同情。可当我们帮助对方的时间延长或方式不被对方理解时，助人的初衷就会变得模糊，进而被对方误解为一种责任和义务。

有时候，我们甚至会遇到那些将我们的帮助视为理所当然的人，他们不仅不感激我们的付出，甚至把我们当作解决问题的工具。在这种情况下，我们一定要明确自己的底线，学会保护自己，不要让自己陷于无尽的伤害中。

总而言之，帮助他人之前一定要三思而后行，毕竟我们的能力有限，如果对方遇到的困境已经超出了我们的能力范围，我们还要执意提供帮助，那么这段关系就有可能变得不平衡，进而从友好走向敌对。

打击对方的自尊心

在现实生活中，很多人在遇到困难时不愿向他人求助，而是选择保持沉默，他们不愿意让他人看到自己难堪的一面，所以就算生活再艰难也会咬紧牙关、独自忍受痛苦。

他们这样做的原因，一是希望被他人尊重，不希望自己的困境成为他人的谈资；二是许多人非常在乎自己在他人心目中的形象，不希望他人看到自己脆弱的一面。如果我们从他处得知他们落难并出于好心为这类人提供了帮

助，反而会打击他们的自尊心。

虽然帮助他人是一种传统的美德，但在行善时也需适度。有时候，虽然出手相助的人怀有善意，但却可能导致不良的结果。俗语说："好事做尽，必有灾殃。"纵使我们心怀善意，也应避免以下两种行善行为。

1. 没有限制地提供帮助

帮助他人虽是美德，但在提供帮助时应设定界限，避免无限制的帮助，否则可能会引发更多问题。当我们要施以援手的是一个自私、自利的人时，他可能会对我们产生依赖心理。

在这种情况下，我们的帮助反而可能会助长对方的贪心和自私。因此在提供帮助时需要自我节制，不应让对方认为我们提供帮助是应该的。

这并非意味着我们不应帮助他人，而是强调在帮助他人时应明智判断，在何时、以何种方式及在何种程度上提供帮助。

2. 过度介入他人的私生活

帮助朋友解决困难是很常见的事，但在提供帮助时我们需注意不过度介入他人的私生活。过度干预他人的私事常会引起不必要的争端。例如，在涉及他人家务时，我们可能仅出于对某一方的了解提出建议，但另一方可能视之为过分干涉。

在帮助他人时，明智的做法是尊重他人的隐私，仅在被请求帮助或有充分的理由时，才给予建议或帮助。对他人的私事，我们应该谨慎发言、多倾听，而不是直接提供意见。很多情况下，当人们感到不顺或遇到困难时，可能只是需要一个倾听者。

　　帮助他人本是一件好事，但也需遵循一定的原则，否则可能会带来不好的结果，伤害他人的同时也伤害自己。

哪些人亲情淡薄、朋友也很少

每个人的身边都有这样一类人：他们的亲朋、好友很少，更不与其他人来往，基本上没有社交生活。你知道这是为什么吗？南怀瑾先生认为，如果一个人亲情淡薄、朋友也很少，那他或她很有可能是以下三种人中之一。

被亲情伤透了心的人

今年过年放假前，小李又主动提出帮同事值最后一天

班。要是以前，大家还会问一下原因，但是现在大家已经知道了小李不愿意回家过年的原因了。

小李出生在一个传统的北方家庭，她有一个哥哥。在小李读高中的时候，父母就有意让她辍学，希望她能够出去挣钱，为这个家出一份力。可是小李不愿意，她觉得凭什么哥哥可以读大学，自己却要辍学打工。从那时起，小李就开始利用寒暑假时间打工，为自己赚取生活费和学费。在读大学期间，小李没找父母要过钱，与他们的联系也越来越少。

大学毕业后，小李找到一份不错的工作。没想到平时不怎么联系的父母，在得知小李工作后马上打电话过来，支支吾吾地想找小李要钱。小李虽然感到有些寒心，但她是一个孝顺的孩子，于是就给了父母一些钱。有一年过年她回老家，父母不仅不关心她在外工作和生活怎么样，还是一味地偏向哥哥。在这个家，小李就像一个陌生人和挣钱的工具。此后，小李连续几年过年没有回老家。

幸福的童年可以治愈一生，不幸的童年则要用一生来治愈。从心理学的角度来说，父母对孩子的影响是巨大的。精神分析创始人弗洛伊德认为，一个人的人格在五岁之前就基本形成了，而他之后的所有行为都是对五岁之前经历的复刻。正因如此，父母给孩子带来的伤害很难治愈。

很多父母意识不到自己养育孩子的方式有问题，这就会给孩子带来消极的影响，甚至造成心理伤害，导致孩子惧怕与他人建立各种关系。他们不仅对亲情淡漠，还会刻意和他人保持距离。

目标明确的人

有人曾经做过一项调查，发现目标明确的人在年轻人中只占 20%。也就是说，绝大多数年轻人都生活在迷茫中。近几年，就业形势不容乐观，找不到工作或对未来感到迷茫的人不在少数。

我有一个小叔，我很小的时候就非常敬佩他。他出生在一个贫穷的家庭，但从小勤奋好学，喜欢读书。听我的父亲说，冬天下大雪的时候，很多人都不去上学了，他却坚持去学校，并且从小就立志成为一个优秀的学者。由于学习成绩优秀，小叔直接被保送上大学，后来接着读了研究生和博士，并在博士毕业后选择留校，依靠自己的努力，他很快就成了博士生导师。在求学的过程中，他很少交朋友和参加各种活动，把心思都放在自己的目标上。

目标明确的人往往不会为感情所牵绊，在他们心中，自己的目标才是最重要的。在心理学中，有个概念叫作心流，它是指人们在专注于某件事或某种行为时产生的一种心理状态。在那些目标明确的人身上，心流是一种常见的心理体验，因为他们完全专注于自己正在做的事情，不被外界的事情所打扰。

在当今社会，社交似乎已经不是必需品。有一项研究表明，过度社交会消耗人的能量。人不一定要拥有很多朋友，几个知己就足够了。如果我们总是把时间放在外部世界上，就会缺少独处的时间，对自己的关注就会降低，导致逐渐丧失自我。

智商高的人

智商高的人的想法与普通人的往往存在很大差异，正所谓高处不胜寒。对智商高的人来说，在童年时期，他们往往被身边的小朋友当成"怪物"，因为其他同学甚至父母无法理解他们的想法和行为，而周围人感兴趣的事情对他们没有一点吸引力。因此，他们经常一个人，慢慢地变得不善交际，也不愿意把时间浪费在这些事情上。

心理学家认为，智商高的人对自我的关注度通常比较高，他们更关心自己感兴趣的事情。如果他们将注意力放在体会他人的感受上，自我的发展就会受到阻碍。

第四篇

真正的朋友是自己

为什么大多数人不喜欢微信语音消息

　　相信很多人都吐槽过微信的语音消息这一功能，将近一分钟又没有进度条的语音消息，有时的确会让人痛苦不已。在不方便听语音消息的场合，很多人选择将语音转化为文字，但如果对方使用的是方言，语音转换文字的效果可想而知。

　　电影《囧妈》里有这样一个片段：徐伊万在火车上问妈妈坐火车去莫斯科为什么不提前和他沟通。徐妈说："我给你发微信了啊，你一条都不回。"徐伊万打开手机一看，一连串的语音消息，他气恼地说："天哪，你不要给我发那种60秒语音方阵好不好，我哪有时间听啊！"

利他思维

在很多社交场景中，微信语音消息确实会给消息的接收者造成一定的困扰，尤其当出于工作需要又不得不回复对方的消息时，接收者的内心会更加崩溃。

种种迹象似乎表明，除非确定两个人在某个时间段适合互发语音消息，否则给他人发一连串的语音消息是不合适的，结果可能是对方是收到了这些语音消息，但不会挨个认真听。其实，很多人并不是反感这种沟通方式，只是受不了那些经常发长语音消息"轰炸"他人的人。

从价值的角度出发，人与人之间交往或建立关系是期望有所回报的。一段关系若不能互利，建立关系的意义也就弱化了。因此，在人际交往中，利他思维极其重要。而经常给他人发一连串语言消息的人明显没有利他思维。

克鲁泡特金在《互助论》一书中写道：

只有互助性强的生物群才能生存，对人类而言，换位思考是互助的前提。

没有互助、利他，人类就不可能有今天，只顾自己不管群体的生物，终会被淘汰掉。所以，凡事我们要多站在他人的角度想一想，多为他人考虑。

拿破仑·希尔说："懂得换位思考，能真正站在他人的立场上看待问题、考虑问题，并能切实帮助他人解决问题，这个世界就是你的。"谁不喜欢与凡事考虑他人处境的人交往呢？这样的人若有一天有求于人，他人也会乐意提供帮助。

从心理学的角度讲，人在给予他人帮助的时候，不管主观上是否希望得到回报，但在潜意识里都会评判被帮助的人值不值得被帮助、是否懂得感恩。评判的依据就是以往对这个人的印象。

　　在一档节目中，许知远和蔡澜一路的行程、交谈过程被节目组的摄影师拍摄下来。许知远担心这样会让蔡澜感觉不适，于是问蔡澜："这样会不会不舒服？"蔡澜通情达理地回复说："没关系，让他们随便拍。"没有颐指气使、没有架子，从业多年，他深知每一个角色的不易。他提起自己当年拍电影的时候，曾经遇到过很多娇气的女明星，也曾为此吃过苦头。那时候，他就下定决心如果有一天自己站在镜头前，一定会很"听话"，不给他人添麻烦。因为感受过普通人的不易，所以愿意给他人多一点善良和理解。

　　人活在这个世界上不是一座孤岛，我们不可避免地会遇到需要他人照顾的情况，学会换位思考，才不至于把路走死。

　　康德曾说："我尊敬任何一个独立的灵魂，虽然有些

人的灵魂我并不认可，但我可以尽可能去理解。"常怀共情之心，学会以他人的立场思考问题和采取行动，方能长久赢人心。

我们不妨思考一下，当我们正在忙得不可开交时，有人一直给我们打微信语音电话，在我们挂断后还"锲而不舍"地发送一连串的语音消息，我们的内心会是怎样的呢？

有的人可能会说：假如真的不方便发文字信息，只能给对方发语音消息，那该怎么办呢？我们不妨细想一下，微信语音消息的功能既然存在，那就有适合使用的时间。首先，我们可以先从自己的角度思考一下，此时此刻对方有没有可能在休息、开车、吃饭等，在给对方发语音消息之前先想一想，就可以避免许多"惹人厌"的行为。其次，在给对方发语音消息前，务必先发文字询问一下。

无论从哪个角度看，突然给对方发语音消息都是一种

破坏社交稳态的行为。因为语音消息本身具有诸多弊端，还容易让人陷入纠结、拖延等社交困境。

为什么有些人喜欢发语音消息

喜欢发语音消息的人在与他人交往时，不在乎他人是否理解自己说的话，也不在乎自己的行为会产生什么后果，他们只希望表达自己的想法。

有的人是急性子，做什么事都力求迅速、高效，发语音消息比打字速度快，从节约时间这个角度来看，这类人也喜欢用发语音消息的方式与他人沟通。

微信社交软件最突出的特点是即时性，语音消息就像缩减版的打电话，但当我们打电话时，说和听是同时进行的；而发语音消息是一方说完后另一方才能听到，有时候一方认为自己说错了，还会撤回重新说，这样不仅浪费时间，也会降低沟通效率。

为什么很多人对语音消息比较反感

1. 无关信息多、降低沟通效率

人们在说话的时候，一般是边想边说，经常会出现突然停顿的情况，那么在这一段语音消息中，有效信息可能很少，大部分都是停顿或重复的内容。有些人说话习惯绕弯子，说不到重点内容，那么接收者往往只能通过猜测来理解对方的意思，这会大大降低沟通的效率。

2. 浪费时间

在看文字消息的时候，我们的大脑往往能够捕捉最关键的信息。例如，我们在阅读的时候，一般使用扫视的方式，而不是逐字地看。即使我们看完后面的内容后忘记了前面的内容，一眼扫过去也就回顾了前面的内容，但语音消息却需要我们从头听到尾，不能快退或快进。这就导致有时一条语音消息我们要听好几遍以提取重要的信息，虽然方便了发语音消息的人，却浪费了语音消息的接收者。

3. 不便于日后检索

我们的记忆总是掺杂着自己已有的知识或经验，因此记忆有时并不靠谱。如果对方发来的语音消息中包含重要的信息，那么当我们忘记时，就需要重新听一遍。例如，我们去一个陌生的城市找朋友玩，朋友通过语音消息告知我们见面的地点，一开始我们还记得，但当我们抵达目的地后却发现自己想不起来了，这时就需要逐条往上翻聊天记录，还有可能需要逐条听对方发的语音消息。如果对方发的是文字消息，我们很快就能在聊天记录里找到。

此外，在职场中，如果一方发的语音消息带有口音，或者因为电子设备、环境等问题导致语音消息听起来含糊不清，那就会严重影响沟通效率，甚至造成不必要的损失。因此在通过微信发送一些重要信息时，我们最好发送文字消息，方便对方复制、粘贴、检索等。

语音消息并非一无是处，文字消息和语音消息各有其

适用范围。文字消息适合长对话、正式场合，语音消息则适合短对话、非正式场合。因此，灵活、适时运用这两种沟通方式能最大化地提高我们的沟通效率。

生活中的大部分痛苦来自熟人社交

　　正如费孝通先生所言，中国社会是典型的"乡土"社会。在这样的环境中，人际交往在很大程度上会营造出一种"熟人社会"。所谓熟人社会，指人与人之间有着一种私人关系，人与人通过这种联系构成一张张关系网。不知道你是否觉察到，身边的熟人在为我们带来某些便利的同时，也会让我们感到痛苦。其实，很多人生活中的大部分痛苦可能来自熟人社交。

交往的差异

很多人觉得人与人之间的交往就是处理关系的过程，但蕴藏在表面之下的仅仅是两个素不相识的人对对方的一种莫名的"兴趣"吗？事实并非如此。

刚刚 30 岁出头、工作忙碌、社会关系简单的李小猫是一个普通的上班族，他的生活状况可以说是大多数人的缩影。忙碌的工作与不确定的加班使得他的生活匆匆忙忙，几乎没有属于自己的时间。对他而言，两点一线的生活导致社交成了一种"奢望"，接触他人的机会除了工作场所就是通勤的路上。在李小猫看来，自己的研究生同学张朋的生活简直就是"天堂"，张朋的家中开有多家公司，他不用每天都去上班，也无需通勤，并且消费不受限制。从表面上看，两人的社交状态可谓"判若云泥"，李小猫只有上学时几个关系要好的同学，而张朋则几乎每天都有新朋友，尤其是异性朋友，这使得李小猫羡慕不已。其实这只是表面现象，李小猫的朋友虽然少，但是他的朋友往往都很牢固，大部分由同学组成。刚刚走出校园的他，由于工作不顺，囊中羞涩，一度生活很艰难，正是在身边几个好朋友的帮助下，他的生活才稍有起色。而张朋所谓的朋友，很大一部分都是在某个酒局、某次娱乐活动或生意中结识的，之后有的不再来往，有的甚至形同陌路。

交往动机

用法国思想大师皮埃尔·布迪厄的"社会资本理论"来分析李小猫与张朋的社交状态，两个人处于不同的社会阶层，有着不同的社会角色，拥有的社会资本肯定截然不同。李小猫为人实在、重视朋友关系，人际和文化资本便成为其重要的交往"砝码"；张朋虽说为人也不错，但是家庭背景"太过耀眼"，外人看在眼里的都是经济资本，这也成了他吸引他人的最大"砝码"。

两个人自身"砝码"的不同导致了他们身边的"熟人"也不同。相较于颜值、财富等，人品、价值观等内在的品质往往对一般人的吸引力不大，然而却是支撑人际关

系的重要因素。

我们不妨审视自己身边的"熟人",思考一下对方与我们交往的动机——是自己的外在吸引了对方,还是有某些利益上的原因,或者对方只是欣赏我们的某一内在品质。

在社会交往领域,社会学家彼得·布劳的"社会交换论"可以为我们提供一定的参考,当社会中的个体进行互动时,往往会存在不同层面的交换。在生活中,这种现象也存在。对那些有一定经济基础却缺少他人认可的人而言,他们急需与某些社会地位高、拥有声望的人进行交往,从这种互动中"蹭"到一些相关的价值。当然也有一些人的人品不错,却没有足够的财富,于是他们与那些富有的人进行交往,通过自己的人格魅力吸引对方的注意,然后如同"搭便车"一样融入对方的生活。对一些人来说,在社会交往中先审视自己再"有针对性"地寻找交往对象也是一种常见的行为指导。

熟人社交带来的烦恼

俗话说"熟人办好事",但熟人社交为什么会给我们带来痛苦呢?对社交主体——也就是对我们而言,在与熟人交往前,烦恼就已经产生了。

1. 耗费大量精力

首先,我们会衡量自己的不足,并对他人的"社会资本"进行审视和考量,再加上在交往中的各种思前想后、顾虑重重,这样就会耗费很大的精力,对一般人(尤其年轻人)来说,这就是熟人社交带来的第一个"烦恼"。

其次,建立在"实用主义"之上的熟人社交难以长久维持。举个简单的例子,当一个人因为你的财富与你交朋友时,在得知你破产或家道中落后,可能就对你不再有"兴趣"了。

2. 忽视社交分寸感

在与熟人交往时，我们很容易忽视分寸感，倾向于认为对方会理解和体谅我们。在此过程中，我们很容易得罪身边的人。

周国平先生曾经说过："分寸感是成熟的爱的标志，它懂得遵守人与人之间必要的距离。"

让身边的人失望是一种智慧

在现实生活中，由于希望得到他人的认可，很多人会将自我价值与他人的评价紧紧地联系在一起。如果他人对我们的评价很高，我们就会觉得自己很有能力，反之可能会反复思考他人的话并认为自己和他人说的一样。实际上，我们应该客观、全面地了解自己，而非一味地在意他人的评价。

弗洛伊德认为，本我、自我、超我对一个人的人格发展具有重大作用，只有当三者平衡时，个体的各个方面才不会产生矛盾。在生活中，一部分人有超强的忍耐力，他们会独自承受来自外界的压力、伤害，并且向内攻击自

己，抑郁症患者就是如此。他们常过分压抑自我，将对外的攻击转向自己，宁愿伤害自己也不想伤害他人。他们为何会将攻击转向自己？因为他们不想让他人对自己失望，但没有人是完美无缺的，我们不可能满足他人的所有需求与期待，不可能让每个人都满意。为了让他人满意而一味地委屈自己属于内耗。有时候，学会让身边的人失望是一种智慧。

内耗效应

在群体心理学中，有一个概念叫作"内耗效应"。内耗效应是由于个体的行为、认知、情感、个性等因素不协调导致的一种负面效应。造成个体内耗的其中一个原因是来自原生家庭的情感体验。例如，有的人从小生活在父母的期待中，认为只有让父母满意了，他们才会更加爱自己。这种有条件的爱让很多人在无形中成了完美主义者，他们事事尽善尽美，害怕得不到他人的肯定，让他人失望。

每个人生来就是完整且有价值的，我们应该把自我价值永远放在第一位。当我们害怕他人对自己感到失望时，就会违心地做一些事。因此，小时候和父母的互动方式会影响我们日后的性格和人格。例如，父母的严苛要求会导致我们害怕面对失败、害怕面对他人的失望，而这些其实是我们不尊重自己的表现。如果我们真正尊重自己，首先应听从自己内心的声音，我们所做的每件事都是因为我们想做，而不是因为他人想让我们这样做。生活中那些害怕让他人失望的人一般性格乖巧，但是他们可能并不快乐。

不做隐秘的自恋者

不想让他人失望看起来是为他人着想，其实可能是隐秘自恋者的表现。哈佛医学院心理学教授克雷格·马尔金认为，隐秘自恋者不会真正为他人考虑，他们表现出的对他人的在乎，大部分情况下都是为了维护自己的形象，或者这件事会牵扯其自身利益。由于自恋者的内心永远是冷

漠的、自私的，他们看起来谦逊、低调，其实内心极其敏感、防备心很强，时常觉得他人在攻击自己，所以他们会不断地树立强大的自我形象来保护自己。

在自恋者冷静的外表下，往往藏着一颗渴望被他人关注的心，所以他们才会在意他人对自己的评价。在潜意识里，他们一直在逃避回到童年时期那种熟悉的人际关系模式，害怕自己哪一点没有做好就会被否定，于是他们精益求精，以完善自己在他人心目中的形象。这类人缺乏健康的自尊，因为健康自尊的主要能量来源是自我，而不是他人的评价与态度。

如何克服害怕让他人失望的心理

在一次心理咨询中，一名来访者哭着向我讲述了她的经历。她的一个室友性格比较强势，经常会让她帮忙扔垃圾、取外卖，虽然她也有很多事要做，但由于不好意思拒绝，她还是答应了对方。长此以往，她感到身心疲惫，经常偷偷地哭，甚至觉得自己抑郁了。在学习上，她面临着考研的压力，随着考试时间的临近，她越来越焦虑，甚至无法静下心来看书，这些事情堆积在一起，她感到很压抑，甚至濒临崩溃，不知道怎么缓解这种痛苦的感受。后来，我了解到她虽然不想帮室友的忙，但是不知道如何拒绝对方。对于考研，由于当年高考失利，她对目前就读的大学并不满意，因此希望通过考研向他人证明自己的实力。

其实，这名来访者内心的痛苦、压抑，都源于她不想让他人失望。她不想让室友失望，因此强忍着内心的不悦，帮助室友做各种事；她不想让周围的人失望，因此想要通过考研获得他人的肯定。

如果你也和她一样，那么如何才能克服害怕让他人失望的心理呢？

1. 调整认知

首先要调整认知，尊重自己的情绪。情绪 ABC 理论的提出者美国心理学家阿尔伯特·艾利斯认为，很多时候，一个人的情绪之所以会出现异常，并不是因为某件事，而是因为这个人对这件事的看法（即认知不协调）导致的。当我们难以接受他人对我们的失望时，其实是不尊重自己情绪的一种表现。

心理学界对情绪本质的讨论一直都有争议。一般认为，情绪是以个体的愿望和需要为中介的一种心理活动，它是一种混合的心理现象，拥有独特的主观体验、外部表现和生理唤醒方式。从生理层面看，它是大脑的一种主观感受，受生理基础的调节。

以汤姆金斯和伊扎德为代表的心理学家，将情绪分为基本情绪与复合情绪两种。他们认为情绪具有适应性，其来源与人的认知有关，不同的人在面临同一件事时会产生不同的情绪。同时，情绪属于个体对外界的一种反应，通过这种反应，我们可以得知此人对外界环境的承受能力。

上述案例中的来访者不知道如何拒绝室友的各种请求。我告诉她，当你觉得自己没办法帮忙时，可以说"不好意思，我也有自己的事情要处理，不能帮你了"。后来，经过多次练习与实践，这名来访者终于能大胆地向室友说出自己内心的想法了。

2. 尊重自己的情绪

费孝通先生认为，在中国的社会文化中，各种社会活动的中心是"自我"，之后才逐渐往身边的关系扩散。所以，所有的社会活动都应先从尊重自我开始。建立自尊的前提是尊重自己的情绪，尊重自己的情绪是调节情绪的基础。我们要明白情绪从何而来，是怎样产生的，只有这样才能更好地处理它。

情绪就像我们形影不离的朋友，它时时刻刻围绕着我

们。产生负面情绪也不一定是坏事，我们只有与每一种情绪都能和谐相处，才不会被周围的人影响，被他人牵着鼻子走。

尊重自己的情绪和感受，将自己从不健康的人际关系中抽离出来，是克服害怕让他人失望这一心理的关键。

当你合群时，"你"就消失了

在非洲草原上，羚羊总是结伴而行。它们或一同迁徙或栖息在同一片草地。生物进化史告诉我们，诸如羚羊、麋鹿、野牛、斑马等食草类野生动物，一般以群居的方式生活，野外残酷、恶劣的环境导致它们很难单独存活，它们没有尖牙利爪、特殊的防身技能和敏捷聪慧的大脑，一旦落单，就只能是沦为食肉动物的美食。豹子、狮子、豺狼、鬣狗、老鹰、秃鹫，草原上任何一种拥有尖牙利爪或奔跑速度比它们快的食肉动物，都能够轻而易举地将它们围猎和捕杀。对这些食草类野生动物而言，群居数量必须足够多，并且时刻保持抱团才能维持个体的高存活率。

再来看看人类社会，我们不仅制定了各种维持社会秩序的法律法规，还以各种道德观念约束人性。从社会心理学的角度看，人群中总有一些人拥有相似的行为、心态和生活方式，并且他们很容易聚集在一起，俗称抱团或合群。

对未知的恐惧

从心理学角度看，合群是一种愿意与他人或群体在一起的心理倾向，也是一个人在这个社会中生活的基础，哪怕是不合群的人，在最开始也是合群的，这既是一种需要，也是一种本能，只不过这种心理倾向会随着个体对社会的认识发生变化而改变。例如，那些弱小的个体往往更倾向于合群，这与他们自身的能力有关，从更深的层面来说，这与内心的恐惧有关。当我们内省或自检时往往会发现，面对重大问题和决策时，我们容易屈从于内心的恐惧感而选择合群，并在随波逐流中使自己成为较为安全的那一个。在面对未知的事物或力量时，每个人都可能成为弱者，并因此选择与他人抱团。

　　自古以来，"枪打出头鸟"的观念就震慑着每个不合群的人。在群体中，那些不合群的人是其他成员排斥的首要对象，当遇到好事时其他人不愿意与他们分享，当遇到麻烦时不合群的人更容易成为"替罪羊"。社会作用力理论认为，个人所感受到的社会影响力是影响源的数量、强度和接近性的乘积，所以，不合群的人所感受到的压力会非常大。为了避免在群体中感受到这种压力，很多人被迫选择合群。但当你真正合群时，你又会发现，"你"消失了。

　　正如勒庞在《乌合之众》一书中所指出的那样，当最大限度地融入集体时，个体的智商、判断力也就悉数消失了，变成了集体中的普通一员，不再是一个具有鲜明特征的个体。这种情况是个体获得安全感和消除恐惧感的一种代价。得此失彼是必然，世间很少有人能够做到既合群又独自保留完整的自我。很多时候，我们都选择了自我阉割，以获得眼前的利益。即"你"的消失，实际上是你自

己的选择。

不管在自然界还是在人类社会，有弱者就有强者。何为强者？他们强在何处？强者往往具备如下特征。

- 敢于彰显自我
- 习惯和喜欢挑战
- 充满力量和斗志
- 解决问题不拖泥带水
- 目标明确且行动迅速
- 让弱者感到恐惧

以上只是旁观者对强者的一种印象。成为强者，似乎是很多人向往的事。那么，什么样的人具备以上特征并能够成为强者呢？我们简单地将其归纳为以下几条。

- 在某方面拥有超高的技能

- 实力雄厚
- 拥有高学历
- 在人际方面有优势
- 心理健康，视野开阔

对一般人而言，只需具备其中 2 ~ 3 种特征，即可打败绝大多数人。

智者独行

从心理学角度看，智商是生物属性，属于遗传学特征；而智慧则是社会学特征，是个人在人生的历练中逐渐获得并形成于自我头脑中的对这个世界的深刻洞察。这种洞察力也许与智商有关（毕竟一个先天性脑瘫患者是无法成为智者的），也许与环境或家庭因素有关（环境是一个人成长变化的重要条件），但最重要的是一个人在经历世事过程中，举一反三、擅取核心的能力。这种能力并非完

全靠智商，更多来自一个人对这个世界的主动探索，主动获取真相和本质的动力，即主观能动性。

　　具有主观能动性的人，是不囿于眼前而时刻处于分析和剖析当下状况的人，他们往往比一般人更能抓住事物的本质，进而做出正确的决策和行动。从某种程度上说，他们是不合群的人，但却遵从自己的内心，甚至推动整个社会的发展。很多时候，真理掌握在少数人手中，合群只会抹杀一个人的个性，导致这个人"消失"。

你是谁就会吸引谁

在生活中，你可能会有这样的感觉，突然发现自己和好朋友的口味、脾气、眼光、语气很相似，经常和好朋友经历相似的事。你可能认为这是正常现象，因为你们是好朋友，在一起久了就会相互模仿、相互学习。那么，为什么你们会成为朋友？为什么你们会相互学习？

我们可以把两个人比作两条直线，如果两个人有相似的地方，这两条直线就会向对方倾斜，最后就会相交。因此，你将来会遇见什么样的人与你的生活习惯、行为模式、社会交往方式密切相关。

战国时期，齐国的国君齐宣王爱才如命，喜欢招贤纳士。一天，他招来大夫淳于髡为自己举荐人才，结果淳于髡一天之内竟连续向其推荐了七位贤能人才。齐宣王感到很吃惊，认为人才难得，一天就举荐了七位，是不是太多了。淳于髡回答："鸟类总是结伴飞翔，野兽总是成群结队捕猎，任何事物都是物以群分、同类相聚的，自己虽非大才，但也算一个贤才，让我推举人才，就如同探囊取物一般，我还可以推荐更多的贤才，又何止这七个人呢？"

通过这个历史故事，我们可以明白一个道理，优秀的人身边必然会有更多优秀的人，就像淳于髡一样，身为大贤，身边自然有很多贤能的人。

近朱者赤，近墨者黑，真正的赤者出淤泥而不染，濯清涟而不妖，是不愿意与墨者同流合污的，这就是个人行为模式决定其社会关系的典型。

遗传因素

始于 1948 年的弗雷明翰心脏研究以居住在美国马萨诸塞州东部城镇弗雷明翰的居民为对象，研究目标是找出他们心脏出现问题的危险因素。一项旨在"为友情的起源和意义提供深刻的进化理由"的新调查，以弗雷明翰心脏研究的数据为基础，挑选了近 2000 名无血缘关系、无配偶关系的研究对象，将他们的 DNA 数据与其朋友的 DNA 数据进行了对比。调查者发现，两个好朋友之间有大约 1% 的相似基因。在我们看来，1% 并不多，但在遗传学领域这已经不是一个小数了。

调查者还设置了"友谊分数值"来比较陌生人之间、好朋友之间的基因。其结果表明，功能性亲属关系能带来诸多的进化优势。所谓功能性亲属关系，是指在早期的人类社会，这些人天生要适应相同的环境，因此有相似特征

的人更容易形成一个群体。由此可见，**遗传因素可能决定了你和另一个人会不会成为朋友**。

研究人员还发现，两个好朋友之间最相似的基因是控制味觉的基因，而相差最大的基因是控制免疫力的基因。

在职场中，人与人之间的关系纽带仅限于工作，因为大家利益相关，同事之间很难成为好朋友。但在一次聚餐中，你发现自己与另一个同事总是吃相同的食物，由此你们知道了你们俩口味差不多。于是，之后你们俩经常中午在一起吃饭。久而久之，你们就成了好朋友。这就是相似的味觉基因。

吸引定律

除了遗传因素，你会和谁成为朋友还和吸引定律密切相关。英国物理学家詹姆斯·克拉克·麦克斯韦曾提出过一个猜想：在这个世界上，有些量的"物理尺度太小"，以致无法被有局限性的人注意到，但实际上，它们有可能导致极为严重的结果。因此，物理学中的磁场定律也被引申到人际关系中。人际关系中的磁场定律是你是谁就会遇见谁。事实上，其背后并非磁场定律在起作用，而是同类相吸。同一种类型的人总是会因为自身的特定属性自动聚集在一起，在心理学上人们把这种现象称为"吸引定律"。

如果某个人能把分散的人集中起来形成一个群体，那么这个人自然就成了这个群体的灵魂人物。而那些被灵魂人物召集在一起的原本分散的个体身上，往往都会有灵魂人物的一些影子。也就是说，这群人有某种共性，而正是这种共性使得共性特别强大的灵魂人物把这类人吸引到一起，进而形成一个群体。从这个角度我们就可以理解"你是谁就会遇见谁"这句话了。

我们与周围的人生活在相同的时代、自然和社会环境中，彼此之间肯定会产生影响，而这些影响正如麦克斯韦所说的那样：太过微小，人们根本就注意不到。

朋友原型

有时候我们对自己的了解是有限的，但如果不断地与周围人接触，就会从对方那里得到一些关于自己的反馈，从而更全面地了解自己。从这个角度来说，我们与其一直追问自己是什么样的人，不如进入不同的环境，通过在不同的环境中不同的人对我们的反馈和评价，来完善对自我的认知。这里所说的"进入"，并非无知无觉地身处环境中，看似主动实则被动地受环境和他人的影响，而是以主动发现自我、主动求真务实的心态，与不同的人接触以寻求对方的反馈。

从心理学的角度看，我们只有在"主动"分析环境和周围人的情况下，自我才会非常清晰且明确地感知到谁才是让我们感到舒服并能与我们产生共鸣的人。有了这种主动判断的意识，我们便会从日常琐事和习惯中脱离出来，有机会从新的视角看待问题，寻找和接近真正适合自己的人和环境。并且在这种逐渐寻找和接近过程中，我们会屏蔽和过滤掉生命中不需要的人和事，逐渐变得更像期望中的自己。在此过程中，我们的潜意识会形成完整的朋友"原型"。这里的原型并不是某个明确的人，而是记忆残影，是不同人生经历残留在大脑中的记忆，它不是一幅清晰的画面，而是需要更多的人生经历来辅助显现。我们可以认为，我们的人生有多少个典型的场景，就有多少个朋友原型。

在社交中，不同朋友原型的形成影响着我们的选择。有时候，我们看似遇到了一个与自己拥有共同特点的人，但事实上，从一开始我们的脑海里就已经有了一个朋友原型，是我们决定了自己要找这样的人做朋友。

朋友大多是我们的理想化自我

在心理学中，有一个专业术语叫作投射，即人们将自己内心的想法、愿望、性格特质、态度投射在他人身上，按照自己是什么样的人来知觉他人。很多时候，我们很难意识到自己有这种心理。

理想化自我投射

如果对方身上出现了我们的理想化自我投射，即我们可以从对方身上感受或看到很多自己所不具备的特质，那么我们就会对这个人产生好感。追星就是一种典型的理想化自我投射。

心理学家艾瑞克·弗洛姆曾指出,对偶像的崇拜是人们理想化的幻想在现实社会的一种投射,这种心理在个体处于青少年时期会被放大。幼年时期,我们的依恋和崇拜对象是父母,我们从父母那里获得安全感,受到父母的养育方式、性格和人格的影响。随着年龄的增长,个体需求的差异性越来越大,每个人都渴望成为理想中的自己,这一般体现在样貌、职业、个人事迹等方面,这些期望最终被大部分人投射在偶像身上。并且个体的这种需求不能脱离当下的经济状况。简单来说,偶像的生活和成就更像个体在具有独立生活能力之后为自己规划的蓝图。

还有一种崇拜源于人们对当下生活的不满及对新生活的向往,他们渴望改变,但又因为当下的自我弱小而无法达成,他们能做的就是将这种无助感暂存于内心,把精神生活寄托在他们认为已经拥有自己想要的一切的偶像身上。

在青少年时期，个体往往开始脱离父母的庇护，投入学校这个微型社会。但是，一些人在潜意识中依然渴望外界给予自己一些安全感。所以，找到自己喜欢的偶像是他们寄托情感的一种方式，但本质上这是一种缺乏安全感的体现。在他们的认知中，自己的偶像是世界上最完美的人。而且相较于将情感寄托在父母身上，偶像更有助于他们产生积极的心理暗示。

所以，在家庭环境中越缺乏安全感的孩子，对偶像就越痴迷。换言之，孩子痴迷于偶像，可能从侧面反映了家庭环境不融洽。

这里所说的偶像并不仅指各类明星，朋友、父母、老师或仅一面之缘的陌生人都可以成为我们的偶像。我们可以忽略他们的缺点，学习他们身上的优点，这就达到了我们对自我期望蓝图的构想。从某种程度上说，个体对理想化自我的期望值越大，就会越尊重自己的偶像，自己也就会越努力地向偶像看齐。

阴暗面自我投射

　　当然，个人的理想化投射并非都是积极的、正面的。在生活中，我们会发现一个奇怪的现象：看起来性格、行为方式、生活圈子完全不同的两个人却成了好朋友。例如，那些平时循规蹈矩、做事情一板一眼的人，可能被一个不按规矩办事、爱耍小聪明的人吸引；一个性格高冷、不善言辞的人却和一个性格活泼、爱说笑的人走得很近，其实这都和投射有关。他们之所以成为朋友甚至伴侣，也是因为一方在另一方身上产生了投射。

　　我们愿意和一个与自己不同的人待在一起或成为朋友，还可能因为他敢做我们不敢做的事，用我们曾经不敢尝试的方式生活，或者激发我们内心的阴暗面，如自私、虚伪，让我们体验到自己以前从未体验过的感受。其实每个人都有阴暗面，并且一直存在，只不过大部分人隐藏了自己的阴暗面。一旦我们失去对生活的控制权，感受到现实与自己所拥有的固有观念的冲突，那些潜藏在内心深处的阴暗面就会浮现出来。它们就像我们埋藏在心底的秘

密，我们时常会想起它们，但又害怕它们被其他人看到，于是只能将这一面投射到他人的身上。

阴暗面与自我厌恶

看不到自己阴暗面的人很容易陷入自我厌恶的状态，一边是自己的欲望得不到满足，一边又只能迎合刻板印象和接受来自他人的负面评价。自我厌恶并不是一种先天的心理状态，没有人天生就厌恶自己，而是在后天的经验中习得的。

法国精神分析学家雅克·拉康在镜像自我理论中提到，人们总是会关注周围人对自己的评价，并根据这些评价形成对自己的印象。大多数人在收到他人对自己的负面评价时，会在内部消化这些评价，在潜意识中形成自己在某些方面不行的暗示。

心理学家爱德华·希金斯在自我差异理论中提出人们

有三个自我。

- 现实自我：我们实际的身体和心理状态，即我们的现状。
- 理想自我：我们希望拥有的特质和对自己抱有的愿景。
- 应实现的自我：我们认为自己必须拥有的、不可失去的特质。

用希金斯的自我差异理论解释自我厌恶就是，在现实自我与理想自我的差距下，在外在负面评价的引导下，我们会愈发不认可自己，会认为自己无论怎样努力都不可能成为理想中的自己。

有时候，种种原因导致我们很容易被那些激发自身阴暗面的人吸引，恨不得对方与自己融为一体，而当我们的需要（不管合理与否）在某一刻不被满足时，便开始心生恨意，甚至用言语和行为中伤他人。

正如英国探险家、作家贝尔·格里尔斯所说：

我有一个黑暗的兄弟，每当我想他时，他就从坟墓里爬出来，把我埋进去，这想法真是迷人。